中公新書 2174

田中　修著

植物はすごい

生き残りをかけたしくみと工夫

中央公論新社刊

はじめに

本書は、植物たちの〝すごさ〟をテーマにしました。植物たちは、動きまわることがありません。また、声をあげることもありません。そんな植物に対して、〝すごい〟という言葉が発せられるのは、数少ない限定された場面です。

たとえば、葉っぱにとまったハエなどの小さな虫をすばやく捕らえて食べてしまうハエトリソウ、触ったとたんに次々と葉っぱを折りたたんでしまうオジギソウ、実に触れるとパッとはじけてタネを飛び出させるホウセンカなどは、子どもたちに〝すごい〟と驚かれます。動かないと思われている植物たちが思いもかけずに俊敏な動作をするためでしょう。

美しさや華やかさが、私たちの心を打ち、〝すごい〟と感嘆される植物もあります。一本の木に一〇〇万個以上の花をほぼいっせいに咲かせるサクラ、午後一〇時ごろから甘い香りを放ちながらゆっくりと大きく花を開くゲッカビジン、秋に、山の中腹にある日当たりのよい斜面を真っ赤に染め上げる紅葉《もみじ》などです。

また、二人の子どもが乗っても沈まない大きな葉っぱをもつオオオニバス、背の高さが一一五メートルを超える樹木セコイア、直径一メートルにも達する大きな花を咲かせるラフレシアなど、そのスケールの大きさに、〝すごい〟とびっくりさせられるものがあります。

しかし、植物たちの〝すごさ〟は、このように目立つものばかりではありません。ごくふつうの日常の生き方の中に誇示されないまま秘められている〝すごさ〟があります。たとえば、植物たちが光の当たる場所でしている「光合成《こうごうせい》」という作用です。

植物たちは、根から吸った水と空気中の二酸化炭素を材料にして、太陽の光を利用して、葉っぱでデンプンなどをつくっています。デンプンはコメやムギの主な成分ですから、私たち人間がこの反応を真似《まね》できたら、地球上の食糧不足などに悩む必要はありません。

私たちは、「科学が発達している」と誇りにしています。ですから、植物たちのたった一枚の小さな葉っぱが、毎日、太陽の光を受けて行っている反応くらいは、容易に真似できると思われがちです。

ところが、「どんなに費用がかかってもいいから、水と二酸化炭素を原料にして、太陽の光を使ってデンプンを生産できる工場を建ててください」と誰《だれ》にお願いしても、引き受けられる人はありません。植物たちの一枚の小さな葉っぱがしている反応を、私たち人間は真似することができないのです。〝植物は、すごい〟と納得せざるをえないでしょう。

本書では、主に、このようなふつうの植物たちがもっている、誇示されることなく秘められている〝すごさ〟に目を向けています。葉っぱの緑の輝きや花の美しさに目をとられているとついつい見過ごされがちな、植物たちの生きる〝すごさ〟に興味をもってください。

前半部では、植物たちのからだを守る知恵と工夫の〝すごさ〟を紹介しています。第一章と第二章では、地球上のすべての動物に食糧を賄《まかな》う〝すごさ〟と、刺さると痛いトゲや、私たちが楽しむ味を利用して、食べられることからからだを守る〝すごさ〟を味わってください。第三章では、病原菌に感染されないように、香りを使って、からだを守っている〝すごさ〟を楽しんでください。第四章では、身近に暮らしている多くの植物たちが有毒な物質でからだを食べつくされないようにしている〝すごい〟姿を認識してください。

後半部では、植物たちが環境に適応し逆境に抗して生きていくためにもっている、しくみの〝すごさ〟を紹介しています。第五章では、植物たちがあこがれていた太陽に裏切られて、やさしくない太陽に抗して生きていくしくみの〝すごさ〟に気づいてください。第六章では、暑さや寒さという逆境に耐えて生きる知恵の〝すごさ〟、第七章では、植物たちの絆《きずな》の強さや、タネをつくらなくても次の世代へ命をつないでいくという植物たちのパワーの〝すごさ〟を感じていただけたらと思います。

二〇一二年七月一一日

田中　修

植物はすごい　目次

第六章　逆境に生きるしくみ

第一章　自分のからだは、自分で守る

（一）「少しぐらいなら、食べられてもいい」

植物たちの成長力は、〝すごい〟

キャベツのタネの重さは、一粒が約五ミリグラムです。一ミリグラムは、一グラムの一〇〇〇分の一です。この一粒のタネが栽培されると、発芽して、芽生えが成長し、約四ヵ月後には、市販される大きさの一玉のキャベツになります。その重さは、およそ一二〇〇グラムです。

一二〇〇グラムをミリグラムで表すと一二〇万ミリグラムです。ということは、キャベツは、約四ヵ月の間に約二四万倍に成長したことになります。「約四ヵ月で二四万倍になっ

キャベツ（イラスト・星野良子）

た」といっても、実感がわきません。でも、一〇〇〇円が、約四ヵ月で、二億四〇〇〇万円になるという増え方なのです。

一二〇〇グラムのキャベツには、水分が多く含まれています。だから、「含まれている水の重さを成長した量に加えるのはおかしい」という見方もあるでしょう。そのとおりです。だから、ほんとうに植物が成長した重さを出すためには、水分を除いて、乾燥したときの重さで示すのが適切です。

キャベツの水分含量は、約九五パーセントなので、一二〇〇グラムのうち、一一四〇グラムが水で、残りの六〇グラムが成長した量です。これでも、最初のタネの一万二〇〇〇倍です。一〇〇〇円が、約四ヵ月で、一二〇〇万円になるという増え方です。

キャベツの成長力は、〝すごい〟のです。植物の成長力がすごいのは、キャベツだけではありません。レタスの一粒のタネは約一ミリグラムで、市販されるときの重さは、約五〇〇グラムです。乾燥させて含まれている水分を除いたときの重さは、約二五グラムです。タネの重さの約二万五〇〇〇倍です。一〇〇〇円が、約四ヵ月で、二五〇〇万円になるのと同じ増え方なのです。

ダイコンの成長量もほぼ同じです。一粒のタネは約一〇ミリグラム、市販されるときの一本のダイコンの重さは、約一キログラムで、乾燥したときの重さは、五〇グラムです。タネの重さの約五〇〇〇倍です。約四ヵ月で、一〇〇〇円が五〇〇万円になるのと同じ増え方なのです。

植物たちの成長力は、〝すごい〟のです。この〝すごい〟成長力を生み出すエネルギーを植物たちはどのように得るのでしょうか。

何も食べなくても生きている植物たちは〝すごい〟

すべての動物が生命を維持し成長していくためには、エネルギーが必要です。そのエネルギーを得るための食べ物を探し求めて、動物はウロウロと動きまわらなければなりません。動物と同じように、植物たちも生きており、ものすごい速さで成長します。だから、植物たちにもエネルギーが必要なはずです。

ところが、ふつう、植物たちが食べ物を食べている姿を見かけることはありません。食べ物を探し求めて、ウロウロと動きまわらなければならない動物は、「植物は、動きまわって食べ物を探すことがないのに、どのようにエネルギーを手に入れているのだろうか」と、ふしぎに思っているでしょう。

じつは、植物たちは、根から吸った水と空気中の二酸化炭素を材料にして、太陽の光を利用して、葉っぱでブドウ糖やデンプンをつくっているのです。この作用を「光合成」といいます。光合成でつくられるブドウ糖やデンプンこそが、生命を維持し成長していくためのエネルギーの源となる物質なのです。

デンプンは、私たち人間の主食であるコメやムギ、トウモロコシなどの主な成分です。ジャガイモやサツマイモにも、多くのデンプンが含まれています。ジャガイモに含まれているデンプンは、容易に取り出すことができます。

　ジャガイモをおろし金ですりおろし、おろしたものをさらし布に包み、水を入れた容器の中でもみほぐします。しばらくすると、白いものが容器の底に沈殿《ちんでん》します。上澄みの水を捨て、新しい水を加えてかき混ぜ、再び沈殿するのを待ちます。この操作を何回か繰り返します。この操作を繰り返すほど、沈殿物は精製されます。最後に底にたまった白い沈殿物を乾燥させると、サラサラの真っ白な粉が得られます。それがジャガイモのデンプンです。

　同じようにして、カタクリの根から取り出したものが片栗粉《かたくりこ》、クズの根から取り出したものが葛粉《くずこ》、ワラビの地下部にある茎から取り出したものがわらび粉です。本来は、片栗粉や葛粉、わらび粉の原料は、カタクリ、クズ、ワラビのはずです。ところが、近年は、原料になるこれらの根が手に入りにくいことから、ジャガイモやサツマイモのデンプンが代用されて、このような名前で売られています。たとえば、市販の片栗粉を購入されたら、原材料名を見てください。「ジャガイモでんぷん」、あるいは、ただ「でんぷん」と書かれているものが多いのです。

　デンプンは、ブドウ糖が結合して並んだ物質です。このブドウ糖こそが、直接、エネルギーの源になる物質なのです。私たちが病気になり、食欲がなくなって病院に行ったら、栄養補給のための点滴注射を受けます。点滴注射を受けるときにぶら下がっている袋には、中に何が入っているかが書かれています。そんな機会はないほうがいいのですが、もし点滴を受けることがあれば、袋に書かれている文字を見てください。「ブドウ糖」、あるいは、英語名で「グルコース」と書かれているはずです。

私たちは、デンプンを食べて、ブドウ糖を取り出し、エネルギー源として使っているのです。「消化する」という語がありますが、「デンプンを消化する」ということは、ブドウ糖が連なっているデンプンを切って、ブドウ糖を取り出すことなのです。

植物たちは、水と二酸化炭素からブドウ糖をつくりますが、そのとき、光のエネルギーを使います。その結果、ブドウ糖の中に、光のエネルギーが取り込まれ、蓄えられます。私たちは、摂取したブドウ糖をからだの中で分解します。その途上で、ブドウ糖の中に蓄えられていたエネルギーが放出されます。そのエネルギーはすぐに使われることもありますが、からだの中に蓄えられることもあります。

ブドウ糖から得られたエネルギーは、私たちが歩いたり走ったりするためのエネルギーに使われます。また、成長したり、からだを維持したりするための物質をつくるのに役立ちます。ブドウ糖は、蓄えていたすべてのエネルギーが取り出されてしまうと、原料であったもとの水と二酸化炭素にもどって、からだから出て行きます。

植物たちは、エネルギーの源となるブドウ糖やデンプンを自分でつくっているのですから、何も食べなくても、生きていけるのです。食べ物を探し求めて動きまわらなければならない動物を見て、植物たちは、「ウロウロと動きまわらなければ生きていけない、かわいそうな生き物だ」と思っているでしょう。

必要な栄養を自分でつくり出せる植物たちは〝すごい〟

しかし、動物が食べ物を食べるのは、エネルギー源であるデンプンやブドウ糖を摂取するためだけではありません。私たちは、食べ物と成長と健康の関係をよく知っています。成長し健康に生きるためには、デンプンだけでなく、タンパク質や脂肪やビタミンなどが必要です。そのために、私たちは肉や果物や野菜を食べます。しかし、植物たちはこれらを食べていません。

果物や野菜は植物のからだの一部ですから、植物たちが食べていなくてもそんなにふしぎではないかもしれません。でも、肉は動物のからだの部分ですから、「植物が成長し健康に生きるためには、お肉を食べなければならないのではないか」との疑問が浮かびます。

私たちが、ウシやブタやニワトリ、魚などの肉を食べるのは、タンパク質を摂取するためです。といっても、ウシやニワトリなどのタンパク質がそのまま必要なのではありません。私たちのからだではたらくタンパク質をつくるための材料が必要なのです。

タンパク質というのは、アミノ酸が連なって並んだものです。ですから、タンパク質をつくるためには、アミノ酸が必要です。私たち人間は、アミノ酸をつくり出すことができません。だから、タンパク質を食べて、それを消化してアミノ酸を取り出すのです。私たちは、そのアミノ酸を並べ直して、自分に必要なタンパク質をつくっているのです。

ところが、植物たちは、自分でアミノ酸をつくることができます。だから、植物たちは肉を食べる必要はないのです。言い換えると、植物たちは、肉を食べなくても、肉の成分であるアミノ酸をつくり出すことができるのです。

ただ、植物たちがアミノ酸をつくるためには、窒素《ちっそ》という養分が特別に必要です。窒素は、アミノ酸をつくるための原料として必要なのです。そのために、自然の中で自力で生きる植物たちは根によって、養分として窒素を地中から取り込みます。

私たちは、栽培している植物たちのために、窒素肥料として硝酸《しょうさん》カリウムや硝酸アンモニウムなどを土に与えます。植物たちは、それらを吸収してアミノ酸をつくり、自分に必要なタンパク質をつくります。

「植物がアミノ酸をつくるために窒素を吸収しなければならないのなら、人間がアミノ酸を得るためにタンパク質を摂取しなければならないのと、あまり変わらないじゃないか」と思われる方もあるでしょう。ところが、人間は、アミノ酸の原料である硝酸カリウムや硝酸アンモニウムなどをもらっても、アミノ酸をつくることはできません。だから、できあがったアミノ酸をタンパク質として摂取しなければならないのです。

植物たちは、アミノ酸をつくるしくみをもっているので、からだのそれぞれの部分が正常にはたらくために必要なタンパク質を自分でつくります。同様に、植物たちは、成長のためにも健康に生きていくためにも必要な脂肪やビタミンなどもつくり出すことができます。そのため、何も食べずにすくすく成長することができるのです。

すべての動物の食糧を賄う植物たちは〝すごい〟

このように、植物たちは自分に必要な物質を自分でつくり出すことができるのです。だから、植物たちは動物がいなくても、生きていけます。このことだけで、植物と動物のどちらのほうが〝すごい〟と決める必要はありません。でも、植物たちの〝すごさ〟は十分に納得できるでしょう。

植物たちは、自分たちの食糧だけでなく、地球上のすべての動物の食糧を賄っています。私たち人間も、食糧を植物たちに依存しています。「私たちを含めて、動物が食べているものは何か」と考えてください。それは、植物たちのからだである葉や茎、根や実などです。「植物を食べずに、肉を食べている動物もいる」と思う人があるかもしれません。たとえば、「肉食動物」といわれるライオンやチーターは、シマウマなどの肉を食べて生きています。

また、タカやワシは、ウサギなどを食べて生きています。

しかし、その食べられる動物の肉は、「何を食べてつくられたのか」ともとをたどれば、まちがいなく植物たちのからだに行きつきます。シマウマやウサギなどは、草食動物であり、植物を食べて生きています。ですから、「すべての動物は、植物たちのからだを食べて生きている」ということになります。

このように、植物たちは、すごい生産能力で、すべての動物の食糧をつくり出しています。しかも、動きまわることがないので、動物によく食べられます。「動物に食べられる」ことは、植物たちが逃れることのできない宿命なのです。もし植物たちが、逃げまわることができ、動物に食べられることを完全に拒否できるとしたら、すべての動物は生きていけません。

しかし、植物たちは、そのようになることを望んでいないでしょう。植物たちは、「少しぐらいなら、動物にからだを食べられてもいい」と思っているはずです。なぜなら、「動物に生きていてほしい」からです。

植物たちは、花粉を運んでもらうのに、虫や鳥などの動物の世話になります。また、動物のからだにくっついてタネを運んでもらいます。動物に実を食べてもらうのは、何よりも大切なことです。食べてもらえば、実の中にあるタネを糞《ふん》といっしょにどこか遠くに排泄《はいせつ》してもらえます。あるいは、食べ散らかすようにしてタネをどこかに落としてもらえます。

いずれにせよ、動物に実を食べてもらうと、植物たちはタネをまき散らしてもらえるのです。これらは、動きまわることのない植物たちにとっては、生活の場を移動するのに役立ちます。また、生活の場を広げるのに必要なことです。植物たちは、動きまわることがないのに、生活の場を移動したり、生活の場を広げたりする、〝すごい〟術を身につけているのです。

親離れ、子離れのよさは〝すごい〟

動物にタネをまき散らしてもらうのは、植物たちにとって、生活の場を移動するのに役立ちます。しかし、「なぜ、植物たちにとっては、生活の場を移動するのがいいことで、同じ場所で暮らすことはよくないことなのか」、あるいは、「植物たちにとって、すでに暮らしている場所で子どもたちが引き続いて暮らしていくことは、よくないことなのか」という疑問が浮かぶかもしれません。

もしタネをまき散らしてもらえなければ、植物たちはどうなるでしょうか。何代も何代も同じ場所で暮らさねばなりません。これは、植物たちが繁栄していくためには、よくないことなのです。たとえば、多くの野菜は、毎年、同じ場所で栽培されると、成長が悪くなったり病気になったりします。だから、私たちは、毎年、同じ場所に同じ野菜を栽培する「連作」を避けねばなりません。

ナスやトマト、ピーマンなどは、連作を嫌がる代表的な野菜です。もし、連作すれば、生育は悪く、病気にかかることが多いのです。うまく収穫できるまでに成長したとしても、収穫量は少なくなります。「連作障害」といわれる現象です。

その原因は、いろいろ考えられます。一つは、同じ場所で同じ種類の植物が栽培されていると、その種類の植物に感染する病原菌や害虫がそのあたりに集まってきて、病気になりやすくなることです。また、毎年、同じ養分を吸収するために、その種類の植物に必要な特定の養分が少なくなることです。さらに、植物が根から排泄物を出していることがあり、それらが蓄積して成長に害を与えることです。

こんな理由で多くの野菜は、連作されるのを嫌がるのです。野菜以外の植物たちも、野菜と同じしくみで生きています。そのため、ほかの植物たちにとっても、同じ場所で続いて暮らしていくことはよくないことなのです。

私たち人間の場合には、親の地盤が引き継がれることはよくあります。特に、国会議員に立候補する場合などは、親の地盤がそのまま引き継がれます。当選する可能性が高いからです。だから、私たち人間にとっては、「親の地盤を引き継ぐ」というのは、利点があるような印象を受けます。でも、植物たちにとっては、親の地盤を引き継ぐことは、よくないことなのです。

植物たちは、子どもたちが親の地盤を当てにせずに、親とは別の場所で生きていくことを望んでいます。その思いを込めて、子どもたちを親の地盤から新天地へ送り出すのです。新天地といえば聞こえはいいのですが、生きていけるのか生きていけないのかがよくわからない未知の場所です。

「ライオンは、生まれた子どもを千尋《せんじん》の谷につき落として這《は》い上がってきたものだけを育てる」といわれます。ほんとうは、ライオンはそんなことはしないようです。この言い伝えは、「そのような育て方をしないと、『百獣の王』といわれる強いライオンにはなれないのだ」という、子どもを鍛えあげることの大切さを説くためのものでしょう。

しかし、植物たちは、タネができあがると、強い子どもが育つように、子どもたちを新天地へ放《ほう》り出すのです。「どんな環境に出会っても、強く生きていってほしい」との思いが込められているのです。新天地へ放り出される子どもたちも、その期待を担って親元を離れていきます。植物たちの「親離れ」「子離れ」のよさは、〝すごい〟のです。

何も語らない植物たちの思いは〝すごい〟

植物たちは、動物に実を食べてもらい、タネを別の場所にまき散らしてもらいます。これは子どもたちが独立して生きていくだけでなく、自分たちの仲間が生活する場を広げるという利点があります。植物たちが生活する場を広げることは、その種類の植物が繁栄していくことを意味します。

そのために、植物には、カタバミやホウセンカのように、自分でタネを飛ばすものがいます。タンポポやカエデのように、風に乗せてタネを遠くへ運ばせるものもいます。オナモミやイノコズチのように、動物のからだにくっついて移動するものもいます。

軽いタネは、そのようにしてまき散らすことができます。しかし、重いタネは、もし動物が実を食べてタネを遠くにまき散らしてくれなければ、そのまま親のまわりに落ちることになります。

たとえば、一本のカキの木を思い浮かべてください。一本の木に数百個の実がなることも珍しくありません。一つの実の中には、少なくとも数個のタネがあります。だから、一本の木に一〇〇〇個くらいのタネができます。

もしこれらのタネが鳥によってまき散らされることがないなら、カキの実は木になったまま熟し、そのまま親の木のまわりに落ちます。これらのタネがうまく発芽したとしたら、狭い範囲で、約一〇〇〇個もの芽生えが競争して育たなければなりません。これらは、同じ親から生まれた子どもですから、競争しあって成長がさまたげられるのは良いことではありません。

しかも、それらの芽生えの上には、すでに親の木が枝を伸ばし葉っぱを茂らせています。発芽した芽生えが成長するためには十分な光が必要です。親の根もとでは、光は十分に当たらず、すべての芽生えが成長できない運命にあります。そうならないために、動物にタネを広い範囲にまき散らしてもらうことは、植物たちにとって大切なことなのです。

だから、植物たちは、何も語ることはありませんが、「動物に実を食べてほしい」と思っているはずです。でも、タネがきちんとつくられる前に、若い実を食べられては困ります。そのため、熟していない実を食べられない方策を講じなければなりません。

また、植物たちが「少しぐらいなら、動物にからだを食べられてもいい」と思っていても、からだ全部を食べつくされてはたまりません。そのため、「動物に食べられる」という宿命をもつ植物たちは、食べられても、その被害があまり深刻にならないように、からだをつくりあげる高い能力をもっています。植物たちは何も語ることなしに、きちんと対処しているのです。

葉や茎を刈られても、葉がすぐに茂ってきます。枝や幹を切られても、芽がすぐに伸び出してきます。これらは、「少しぐらいなら、動物にからだを食べられてもいい」と思っている植物たちが身につけている、食べられたからだを再びつくりあげる高い能力を示すもののです。

しかし、そんな能力を身につけていても、やっぱり、植物たちはからだを食べつくされたり、タネができあがっていない若い実を食べられてしまったりすると困ります。そこで、植物たちのそれぞれが、からだや若い実を守る、すごい術をいろいろと身につけているのです。次の節から、それらを一つひとつ見ていきましょう。

(二) 食べられたくない!

トゲはからだを守る〝すごさ〟の象徴

植物たちが、からだや若い実を守る姿のわかりやすい例として、トゲをもつことがあります。「動物が近寄ってこないように」、あるいは、「近寄ってきた動物がかぶりつかないように」との願いを込めて、鋭いトゲを身につけている植物が多くいます。その代表の一つがバラです。

バラのトゲは、植物学的には、「茎の表皮の一部分が突起してきて、硬くなったもの」とされています。しかし、昔から、「なぜ、バラにトゲがついているのか」という疑問がもたれ、トゲの役割や起源に興味がもたれています。

バラのトゲの役割について、ギリシャ神話にある言い伝えを聞いたことがあります。正確でないかもしれませんが、紹介します。ある女神が、恋人を亡くし、悲しみにくれて呆然《ぼうぜん》とし、バラ園の中を、白い花を咲かせるバラを踏みつけながら、歩きまわりました。足にバラのトゲが刺さり、足は傷だらけになり、真っ赤な血がぽたぽたと流れ出ました。たちまち、白いバラの花が真っ赤に染まりました。その後、このバラ園には、真っ赤なバラが咲くようになったとのことです。この話によると、バラのトゲは赤い花を生み出す役割を担ったことになります。

バラのトゲ（撮影・平田礼生）

　バラのトゲの起源についても、ギリシャ神話の言い伝えを聞いたことがあります。ある女神が子どもをつれてバラ園に遊びに行きました。バラの花があまりにきれいだったので、子どもは花にキスしようとして唇を近づけました。ところが、花の中にはハチがいたのです。近づいてくる唇にびっくりして、ハチは唇を針で刺しました。子どもが刺されて怒った女神は、ハチを捕まえ、ハチのからだから針を抜き取り、バラの茎につけました。その後、バラには、トゲが生えるようになったとのことです。この話によると、バラのトゲの起源は、ハチの針ということになります。

昔から、バラのトゲには興味がもたれてきたので、こんな話がまことしやかに語られたのでしょう。しかし、現在でも、バラのトゲには、興味がもたれています。特に、子どもたちには、ふしぎがられます。

あるとき、小さい子どもから「なぜ、バラには、トゲがあるのですか」という質問を受けたことがあります。ふつうなら、「バラは、枝を折られたり、花を取られたりしないように、そして、動物にからだを食べられないように、鋭いトゲでからだを守っているのです」と、答えます。

でも、そのときの子どものまなざしは真剣で、「どんな答えが来るのだろう」とじっと見つめるようでした。その様子を見ると、そんなにあじけない答えをすぐにするのがためらわれ、「どう思うの」と聞いてみました。

その子は、「きれいな花を咲かせるバラが、痛いトゲをつけていて、かわいそうだ」と答えました。「なぜ、バラには、トゲがあるのですか」という簡単な質問に、きれいな花とひどいトゲの不釣り合いな組み合わせへの疑問が込められているのです。子どもは、トゲのあるバラをいとおしく感じているのです。

答えは決まっていても、子どもたちの質問には、その意味をよく理解するだけでなく、「子どもたちの気持ちを察してから答えないといけない」と思いました。子どもたちは、やさしい目と、いとおしく感じる心で、植物を見ているのです。

そんなとき、「大人があまりにそっけない答えをすると、植物をやさしく見る目を摘み取ってしまったり、植物をいとおしく感じる心を傷つけたりすることになる」と、ハッとしました。ひょっとすると、私たち大人が考えている答えも、「それが正しい」と思っているだけかもしれないからです。

しかし「バラは、枝を折られたり、花を取られたりしないように、そして、動物にからだを食べられないように、鋭いトゲでからだを守っているのです」という答えを伝えねばなりません。植物たちが自然の中を自分のからだを守りながら生きているという〝すごさ〟を理解してもらわねばならないからです。バラのトゲは、その〝すごさ〟の象徴だからです。

とりあえず、「バラは、自分のからだを守るために、自分でトゲを生やしはじめたのかもしれない。それとも、誰かに頼んで、つけてもらっているのかもしれないね」と答えました。でも、子どもの反応は乏しかったです。そこで、「ひょっとすると、バラがあまりにきれいな花を咲かせるので、腹を立てた何者かが、うらんでつけたのかもしれないね」とつけ足しました。子どもの顔が少しほほえんだように感じました。

その子は、「なぜ、バラには、トゲがあるのですか」と聞きつつ、「バラの花があまりにきれいすぎるので、それを嫉妬《しっと》した何者かがあんなトゲをつけたのだろうか」というような思いもかけない想像をしていたのかもしれません。

「バラは、トゲのおかげで、からだを守りながら生きているんだよ。でも、昔からついているので、いつごろからどのようにして、トゲがついたのかはよくわからないんですよ」と、子どもの豊かな想像力をしぼませないように答えておきました。

トゲでからだを守る植物たちは〝すごい〟

「美しいものには、トゲがある」といわれます。これは、バラの美しく目立つ花と鋭いトゲを意識したものです。しかし、バラほど美しくない花を咲かせる植物でも、葉や茎にトゲをもつ植物は、意外と多くあります。トゲは植物たちがからだを守る武器の一つになるからです。つまり、「美しくなくても、トゲはある」のです。

オナモミ、オジギソウ、アロエ、サボテン、ワルナスビ、ピラカンサなどは、トゲをもつ植物たちの代表です。「これらの植物たちが、美しくない」というつもりはありません。それぞれに美しいものです。ただ、これらの植物は、バラの花のように美しいというたとえには用いられていません。

「トゲ」は、植物のからだにある針状の突起物です。トゲには、バラやサンショウのように、表皮が変形したものや、ボケのように、茎や枝が変形したものがあります。それに対し、サボテンのトゲは、葉が変化したものです。

これらのトゲの鋭利な先端をよく観察すれば、あるいは、実際にトゲが刺さって痛かった経験を思い出せば、「動物がこれらを食べると、さぞ痛いだろう」と容易に想像できます。ですから、植物たちが鋭いトゲをもつ意味は「動物に食べられることから、からだを守るためである」ことは、よく理解できます。

五、六〇年前、私の子どものころ、「ひっつき虫」とよんで遊んでいたオナモミの実は、近年、見かけることが珍しくなりました。この実の外皮には、鋭いトゲがいっぱいあります。一つの実の中に、二つのタネが入っています。ですから、このトゲで、タネが動物に食べられることを防いでいます。

しかも、このトゲは、先端が釣り針のように曲がっており、動物のからだや私たちの衣服に引っかかって運ばれる機能もあります。生育する場所を移動したり、新しい生育地を広げたりするためです。オナモミは、動物に実を食べさせず、しかも運ばせるという、すごい作戦で生きているのです。

オジギソウは、ブラジル原産のマメ科の植物です。この植物は、動物が食べようとして触れると、葉っぱを閉じて垂れ下げます。葉っぱを広げているときと違って、たちまち、おいしそうではなくなります。これを見ると、動物の食欲が失《う》せるのでしょう。だから、葉っぱが閉じて垂れ下がるのは、からだを守るためです。

この植物は、さらに、防御のしくみを備えています。茎には、鋭いトゲがあるのです。だから、葉が閉じて垂れ下がっておいしそうでない上に、鋭いトゲが露出している植物に、動物はかぶりつく気持ちをおこさないでしょう。

アロエは、熱帯アフリカ原産のユリ科の多肉植物です。アロエと姿や形が似ており、同じような高温の乾燥した環境に育つ植物にサボテンがあります。でも、サボテンはサボテン科の植物で、アロエとは所属する科は別なので、仲間ではありません。

アロエには、アロエベラという品種が、ジュースやヨーグルトに使われているので、よく知られていますが、他に数百種以上の品種があります。日本の家庭で多く栽培されているアロエは、キダチアロエという品種です。キダチ（木立ち）とよばれるように、木が立つように背丈は高くなります。アロエは花が咲かないように思われていますが、花は咲きます。キダチアロエは、冬に花咲くことが多く、春には、タネもできます。

アロエのからだを折ったり傷つけたりすると、ネバッとした苦みのある液がドロッと出て

ワルナスビの花（撮影・谷口百合子）

きます。苦みの主な成分は、「アロイン」です。この液には薬効があるので、この植物は「医者いらず」といわれます。私たちには役に立つ液ですが、虫や病原菌には、嫌みな液でしょう。

この植物は、鋭いトゲでからだを動物に食べられることから守っています。それだけでなく、ネバッとした液で、虫にかじられることや病原菌の侵入に備えているのです。「自然の中で、植物がからだを守りながら生きていくのは、たいへんなのだ」と、感じられます。

ワルナスビという、いかにも悪いことをするような名前の植物があります。北アメリカを原産地とする、ナス科の植物です。だから、ナスと同じような色と形、大きさの花を咲かせます。この植物は、病気や連作障害に強いので、同じナス科のナスの接《つ》ぎ木《き》の台木として、役に立ちます。

接ぎ木というのは、近縁の植物の茎や枝に割れ目を入れて、別の株の茎や枝をそこに挿し込んで癒着させ、二本の株を一本につなげてしまう技術です。接ぎ木で一本になった株は、根が台木の性質をもちます。だから、台木にワルナスビを使うと、ナスは病気に強くなり連作に耐えることができます。

この植物の花はそれなりにきれいですが、この植物は接ぎ木以外には特に役に立ちません。そのため、私たちは、この植物を見つけると抜こうとします。そのときに、この植物のもっているトゲにうっかり刺さってしまいます。そんな悪さをするので、「ワルナスビ」とよばれるのです。

「植物たちは、トゲで動物に食べられることからからだを守っている」と紹介してきました。でも、私たち人間に好まれないワルナスビのような植物のトゲは、引き抜かれて捨てられてしまうことからも身を守っているのです。ワルナスビ以上に、トゲがその典型的な役割を担っている植物がいます。次の項で紹介します。

「刺さると、痛い」だけではないトゲは、〝すごい〟

ピラカンサの実（撮影・太田陽太郎）

「ピラカンサ」という植物があります。この植物は、中国を原産地とするバラ科の植物で、枝に鋭く硬いトゲをもちます。繁殖力がすごく旺盛《おうせい》なので、庭や生け垣に植えると、剪定《せんてい》しなければなりません。また、たくさんの実をつくるので、タネがあちこちで発芽してきます。この植物の芽生えの成長は速いので、早めに抜かねばなりません。

そんなとき、どんなに注意しても、ついうっかりと、枝にある鋭いトゲが手や足に刺さります。このトゲに刺さると、ほんとうに痛いです。刺さってから、かなりの長い時間、「ヒリヒリ」と痛いのです。

「ピラカンサ」という名前は、「ピル」と「アカンサ」から成り立っています。ギリシャ語で「ピル」が「火」、「アカンサ」は「トゲ」を意味しています。英語名では、「ファイア・ソーン」でやっぱり「火とトゲ」です。中国語でも、「火棘」と書き、「火とトゲ」です。

「火」という語が使われるのは、「実が火のごとく赤いから」といわれます。たしかに、秋にたくさんの小さな赤い実が集まって木に実っている姿は、炎のように見えます。しかし、私は、実の色や実が集まった姿だけのために、「火」という語が使われているとは思いません。

この植物の鋭いトゲが刺さると、目から火が出るように、ほんとうに痛いのです。そのため、「目から火が出るほど痛い、トゲのある木」という意味が込められていると、私は思います。この植物のトゲが刺さった経験のある人には、きっと、私の思いに同意してもらえるはずです。

「『トゲのある植物』という語から思い浮かぶ植物は何か」と尋ねると「バラ」という答えが圧倒的に多いでしょう。では、「『葉にトゲのある植物』という語から思い浮かぶ植物は何か」と尋ねると、「ヒイラギ」「ヒイラギナンテン」「ヒイラギモクセイ」などの答えが返ってきます。ヒイラギの葉の縁にあるトゲは、多くの人に印象的なのでしょう。

ヒイラギは、日本を含む東アジアが原産地とされる植物です。「ヒリヒリと痛む」、「ずきずきと痛む」、「うずく」という様子を意味する「ひいらぐ（疼ぐ）」という語があります。ヒイラギのトゲが刺さると疼ぐので、「疼木」と書いて、「ヒイラギ」の名前に当てられます。

ヒイラギナンテン（撮影・田中修）

または、晩秋から冬にかけて花を咲かせるので、木ヘンに、冬という字を添えて、「柊」とし、ヒイラギという名前にこの字が当てられることもあります。

ヒイラギナンテンは、ナンテンと同じメギ科の仲間です。ですから、モクセイ科のヒイラギとは、植物学的に何のつながりもありません。それでも、ヒイラギの葉の縁のトゲが印象的なので、葉にトゲのあるこの植物にもヒイラギという名が冠せられているのです。

ヒイラギモクセイは、ヒイラギと、同じモクセイ科のギンモクセイが交配されて生まれたものです。だから、二つの名前を並べて、ヒイラギモクセイという名になっています。それでも、モクセイヒイラギという名でないのは、この植物の葉のまわりにあるトゲが印象的なために、ヒイラギが目立つ名前になっているからでしょう。

ヒイラギの鋭いトゲは、「鬼を退治する」といわれます。そのため、「節分の日には、ヒイラギの枝に鬼の嫌がる臭《にお》いの強いイワシの頭を刺して戸口に飾っておくと、魔よけの効果がある」と言い伝えられています。このトゲは、実在する動物からだけでなく、想像上の魔物である鬼からも、からだを守っているのです。

少ないタネをトゲで守る植物は、〝すごい〟

アリドオシというアカネ科の植物があります。アリドオシには、「アリ（蟻）をも通す」といわれる鋭いトゲがあるので、「蟻通」という漢字が当てられます。実際に、このトゲがアリを突き刺すわけではないのですが、細く鋭いトゲなので、小さいアリをも刺すことができるという意味です。もちろん、動物は、そんな鋭いトゲを身につけているこの植物に近づくことはあっても、かぶりつくことはないでしょう。

アリドオシは、「イチリョウ」という呼び名をもちます。よく似た呼び名に、縁起のいい植物として、お正月の飾り物などに使われるマンリョウ、センリョウという植物があります。マンリョウは「万両」と書かれ、センリョウは「千両」と書かれます。これらと同じように、

「百両」、「十両」、「一両」とよばれる植物があるのです。百両は「カラタチバナ」、十両は「ヤブコウジ」、そして「一両」がアリドオシなのです。

マンリョウとセンリョウは、正式な植物名です。ですから、植物図鑑などの見出し語になります。しかし、「百両」、「十両」、「一両」は、たとえられるだけの別名です。だから、植物図鑑などの見出し語にはなりません。

「これらの植物に、どうして、万両、千両、百両、十両、一両のランクがついているのか」という疑問があります。これらの植物に共通なのは、秋から冬に、小さな球形の赤色に熟した実をつけることです。「この赤色の実の数が多い順にランクづけされて、名前がつけられている」といわれます。

だから、「一両」にたとえられるアリドオシは、秋に赤い実をつけるこれらの中で、もっとも少ない数の実しかつけないことになります。そこで、数少なくしかできない実を動物に食べられないように、アリドオシは鋭いトゲで守っているのかもしれません。

これらの植物がつける実の数は、品種や栽培条件で異なることもありますが、実際にランクの順になる傾向はあります。アリドオシは、「いつもある」という意味で「有り通し」に洒落《しゃれ》られます。古くから、マンリョウ、センリョウと並べて、アリドオシをいっしょに栽培すると、「万両、千両、有り通し」といわれ、たいへん縁起が良いとされています。もし機会があったら、ぜひいっしょに栽培してみてください。幸運が訪れてくるかもしれません。

病気の原因にもなるトゲは、〝すごい〟

植物のトゲは、「刺さると、痛い」です。ですから、虫や鳥などの動物がトゲをもつ植物を避けることはよくわかります。しかし、「刺さると、痛い」だけではありません。刺さったトゲが、抜けない場合があります。

トゲが抜けなければ、数日すると、刺さった部分が化膿《かのう》してきます。私たち人間なら消毒して治しますが、消毒するという手段をもたない動物は困ることが多いでしょう。ひどい場合には、その部分が壊死《えし》することもあるでしょう。「トゲでからだを守る」という方法は、私たちの想像以上に効果的なのかもしれません。

しかし、もっとすごい威力のあるトゲでからだを守る植物がいます。大仏様で有名な東大《とうだい》寺《じ》のある奈良公園には、イラクサという植物が多く育っています。イラクサ科の植物で、英語名の「ネトル」でよばれることも多くあります。この植物の葉っぱや茎には、トゲがあります。

「このトゲに刺されると痛くてイライラするのが、『イラクサ』という名前の由来」といわれたり、「トゲ（刺）を古くは『イラ』といったので『イラクサ（刺草）』という植物名がついた」といわれたりします。英語名の「ネトル」も、名詞では「いらいらさせるもの」を意味し、動詞では「いらだつ、いらだたせる」という意味をもちます。

この植物には、本来、葉っぱや茎にトゲが少ないものから多いものまでいろいろあります。ところが、奈良公園には、多くのトゲをもつものしか育っていません。「奈良公園には、ほんとうに、多くのトゲをもつイラクサしか育たないのか」を確かめるために、実験的に、ト

イラクサの葉　上は奈良公園内のもので、下の桜井市内のものに比べて刺毛（しもう）が多くあります（撮影・加藤禎孝）

ゲの少ないものや多いものが混ぜて植えられました。

何年かが経過すると、トゲの少ないイラクサが姿を消し、トゲの多いイラクサばかりが生き残ることがわかりました。なぜ、奈良公園では、トゲの多いイラクサばかりが生き残るのでしょうか。

奈良公園には、「神様のお使い」といわれ、大切にされているシカが生息しています。というより、放し飼いにされています。そのため、奈良公園を訪れると、あちこちで、シカに出会います。これらは観光客に「鹿《しか》せんべい」を買ってもらって食べていますが、公園内の植物も食べます。イラクサは、シカに食べられる植物の一つです。

ですから、トゲの多いイラクサが生き残るということは、「シカが、トゲの少ないイラクサを食べ、トゲの多いイラクサを嫌って食べない」ということを意味します。ということは、イラクサは、動物に食べられないように、トゲによってからだを守っていることになります。

ところが、この植物のトゲは、「刺さると、痛い」というだけではないのです。イラクサの漢名は、「蕁麻」です。「蕁麻疹《じんましん》」という、かゆみや痛みをともない、発疹《ほっしん》が出る病気があります。これは、食べ物や動物の毒などによっておこりますが、その症状は、イラクサのトゲに刺されたときとそっくりです。

だから、この病気は、イラクサの漢名である「蕁麻」にちなんで、「蕁麻疹」と名づけられているのです。じつは、イラクサのトゲには、蕁麻疹の原因になるアヤチルコリンやヒスタミンなどという物質が含まれているのです。

イラクサのトゲは、「刺さると、痛い」という効果だけで、シカに食べられることからからだを守っているのではないのです。痛いこともあるでしょうが、シカも蕁麻疹のような病気になるのは嫌なのでしょう。

十数年前、インドのカルナータカ州の密林地帯で、「ウシが木に襲われた」という事件が、『ニューインドプレス』という新聞に報じられました。動きまわることのない木がウシを襲うことはありません。「いったい何がおこったのか」と興味がもたれました。この事件は、トゲをもつツル性の植物である「ビリ・ラバ（虎《とら》の樹《き》）」とよばれる木が原因でした。

この木のトゲがウシのからだに刺さり、ウシは痛いので暴れたのです。暴れたからといって、刺さったトゲははずれません。逆に、ウシが暴れまわれば暴れまわるほど、トゲをもったツルが引っぱり込まれ、ますます多くのトゲがウシに絡まりからだを絞めつけました。結局、「トゲをもったツルがウシのからだに絡まりつき、とうとう、ウシはぐったりとした」というのが事件の真相でした。

植物のトゲには、何かに絡まるためのはたらきもあるのです。ウシに絡まるためではなく、そばにある植物のからだにトゲが絡まり、それをよりどころにして、植物は上へ伸びようとするのです。植物は、ほかの植物の陰にいては、十分な光が受けられませんが、上へ伸びれば、より多くの光を受けることができます。トゲは、植物が上へ伸びるための道具にもなるのです。

ライオンを殺すトゲの〝すごさ〟

「ライオンゴロシ」とよばれる植物があります。アフリカ原産のゴマ科の植物で、「デビルズクロー」という植物だといわれます。「デビル」は「悪魔」であり、「クロー」は「爪《つめ》」の意味です。ですから、「デビルズクロー」は「悪魔の爪」という名前であり、果実に硬い爪のようなトゲがある植物です。

「ライオンがこの実にかぶりついたときに、口の中にトゲが刺さり、抜けなくなってしまい、食べ物を食べられなくなり、餓死した。そのため、この植物は『ライオンゴロシ』とよばれるようになった」といわれています。

しかし、ライオンは肉食性であり、植物の実にかぶりつくことはないはずです。ですから、「なぜ、この植物の名前が『ライオンゴロシ』なのか」は、一見、ふしぎに思えます。しかし、トゲが刺さる情景を思い浮かべると、この名前の由来にいくつかの可能性が浮かんできます。

一つ目は、草食性や雑食性の動物がこの植物の実にかぶりつくことです。すると、口の中にトゲが刺さり、抜けなくなって、食べ物を食べられなくなります。だから、かぶりついた動物は餓死してしまいます。そのため、この植物は、その動物がヒツジなら「ヒツジゴロシ」、ウマなら「ウマゴロシ」となります。でも、ヒツジやウマでは、迫力がありません。すごいトゲであることが強調できません。

強くてすぐに酔いがまわるようなお酒には、「鬼ころし」という名前がつけられます。架空の強い動物である鬼の名前を借りて、命名するのです。ですから、動物を殺すという〝すごさ〟を強調するため、「百獣の王」であるライオンの名が冠せられたのでしょう。この場合、ライオンは実にかぶりつかないので、死ぬことはありません。

二つ目は、実際に、肉食のライオンが、この植物の実のトゲが原因で死んでしまう可能性です。私たちは、タンパク質や炭水化物、脂肪やビタミンとともに、食物繊維を栄養として、摂取しなければならないことをよく知っています。だから、食物繊維を多く含む野菜や果物などを食べます。

肉だけを食べる肉食動物にも、栄養として、食物繊維は必要です。それなら、「肉食動物は肉だけを食べていて、大丈夫なのだろうか」と心配になります。でも、大丈夫なのです。肉食動物も食物繊維の必要性は心得ており、きちんと摂取するようにしています。

草食動物を獲物として食べるときに、草食動物の胃の中には、草食動物が食べた草が消化の途中で残っていることがあります。ライオンやチーターなどの肉食動物が、草食動物を獲物としてしとめると、最初に胃や腸から食べはじめるといわれます。草食動物の胃や腸を食べることによって間接的に食物繊維を摂取しているのです。

だから、まだ鋭いトゲの部分が消化されていない場合、ライオンの口の中にこのトゲが刺さる可能性はあるのです。獲物となった草食動物の胃の中に未消化のトゲが含まれているときです。これを食べて、口の中にトゲが刺さってしまえば、痛みで食べ物が食べられず、餓死することも考えられます。

三つ目は、ライオンがこのトゲを踏んでしまうことです。これがもっとも可能性が高いのですが、この実を踏みつけるとトゲが足に刺さります。すると、痛くて歩いたり走ったりできなくなります。刺さった部分が化膿すれば、ますます動けなくなります。獲物を捕まえることができません。その結果、ライオンは餓死せざるをえないでしょう。

刺さったトゲをライオンが抜くことを考えましょう。もしうまく口を使ってそのトゲを抜いたとしましょう。でも、トゲが足から抜けても、今度は口に刺さることもあるでしょう。それが原因で、物が食べられなくなり、餓死することもあります。

このように考えていくと、トゲとは恐ろしいものです。トゲの役割は、ふつうには、動物に食べられることから確実に植物たちを守ることや、植物たちが絡まりついて上へ伸びることを手助けすることでしょう。また、私たち人間に引き抜かれることから植物たちを守ります。

ライオンを餓死させることなどは、トゲの本来の役割からは少し外れます。植物たちにとっても、想定外のできごとでしょう。しかし、植物たちは、〝すごい〟ものを身につけているのです。

第二章　味は、防衛手段！

（一）渋みと辛みでからだを守る

クリの実の堅い守りは、〝すごい〟

多くの植物たちは、葉や茎、実やタネを、虫や鳥などの動物に食べられたくないときには、虫や鳥に嫌がられる「味」で守っています。「おいしくない」と思われたいのです。さらに、「とんでもない味なので、食べるのをやめよう」と思われたいのです。だから、植物たちはいろいろな味を工夫しています。

私たちは、いろいろな野菜や果物の味を楽しみます。ですから、これらの味が植物たちのからだを守るためにつくられているとは思いません。しかし、植物たちはからだを守るための防御物質として味を使っているのです。

もちろん、からだを防御するためだけに、味を出す物質がつくられているわけではありません。しかし、これらの物質をからだの中でつくり、防御のために役立てるという無駄のない生き方の〝すごさ〟には、驚かざるをえません。

私たちが味を表現する言葉には、「渋い」、「苦い」、「酸っぱい」、「辛い」、「甘い」など、いろいろあります。これらの味の好き嫌いは、人それぞれで異なるのと同じように、虫や鳥などの動物の種類によっても違います。しかし、虫や鳥などの動物がもっとも嫌がるのは、私たち人間にとっても、嫌な味と思われます。

とすると、多くの人に同意してもらえるもっとも嫌がられる味は、「渋い」という味です。「酸っぱい」、「辛い」、「甘い」という味を好む人はいます。また、「苦み」を好む人も多くはありませんがいます。しかし、「渋い」という「苦みをともなった、舌をしびれさせる味を好き」という人に出会ったことはありません。「渋い」というのは、多くの虫や鳥などの動物にとっても嫌な味のはずです。

嫌われる「渋み」をもつ代表は、クリの実です。クリの実は、熟すまでは鋭い「イガ」で守られています。イガはトゲの密生した外皮で若い実が動物に食べられることから守っています。熟すとイガがはじけて、光るような硬い茶色の「鬼皮《おにかわ》」とよばれる皮に包まれたクリの実が顔を出します。この鬼皮を剝《む》くのに苦労します。やっと剝けても、その内側には、渋皮がまだあります。これが発芽するタネを守っているのです。

このように、クリの実は食べられることへの守りを強く固めています。ところが、クリは実の守りが堅いだけではありません。木の材質も堅いのです。そのため、古くから、建物の土台や鉄道の枕木《まくらぎ》などに利用されてきました。

カスタネットという打楽器があります。これは、昔、堅いクリの材でつくられていました。また、クリの実を二つに割ったような形をしています。そのため、カスタネットという名前は、クリのスペイン語「カスターニャ」にちなんでつけられています。

クリのおいしい実は、タンニンという渋みのある物質を含んだ皮に包まれています。だから、虫や鳥などに食べられることから、からだが守られています。私たちがクリの実を食べるときにも、この渋皮は邪魔になります。この渋皮を剝かなければ、食べられません。実にピッタリとくっついている渋皮を剝くのは、たいへん面倒です。

それに対し、渋皮がポロッと剝けるクリがあります。たとえば、「天津甘栗《てんしんあまぐり》」という焼き栗です。この焼き栗は、渋皮を指でポロッとまとめて取り去ることができます。これに使われているクリは、中国を原産地とするチュウゴクグリ（中国栗）です。チュウゴクグリには、焼き栗にすると、渋皮がポロッと剝ける性質があるのです。

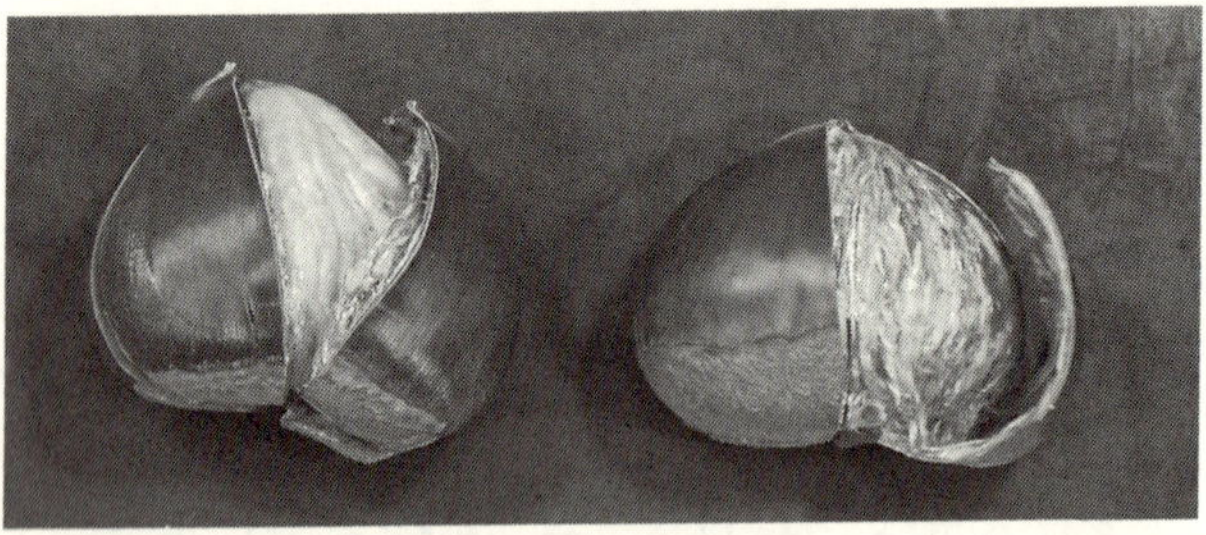

ぽろたん（左）　従来のクリに比べて渋皮が剝けやすい性質をもちます（提供・農研機構果樹研究所）

それに対し、日本や朝鮮半島を原産地とするニホングリ（日本栗）には、渋皮がポロッと剝ける性質はありません。そのため、栗ごはんや栗きんとんにニホングリを使うときには、まわりの硬い茶色の「鬼皮」をとったあとに、包丁で渋皮を剝かねばなりません。「大きくて、やわらかく、甘みがあるニホングリの渋皮が、ポロッと剝ければいいのに」と、長い間、多くの人々に思われてきました。

二〇〇六年に、その思いはとうとう実現しました。茨城県の果樹研究所が、新品種を開発したのです。「鬼皮」をナイフで深く傷をつけたあとに電子レンジで二分間加熱すれば、そのあとに渋皮がポロッと剝けるニホングリが生まれたのです。

このクリは、「丹沢《たんざわ》」という品種のクリを使って品種改良され、生み出されました。そこで、「ポロッと渋皮が剝ける『丹沢』の子ども」という意味を込めて、品種名は「ぽろたん」と名づけられています。すでに、このクリを使った「超高級マロングラッセ」の商品化が進んでいます。

渋柿の巧妙さは、〝すごい〟

クリと並んで「渋み」をもつ果物の代表は、カキです。クリの実では、渋皮を取り去ることで、渋みはなくなります。しかし、カキの渋みは、なお一層面倒です。なぜなら、カキの渋みは、クリの渋皮のようにまとまってあるわけではなく、果肉や果汁の中に溶け込んでいるからです。そのおかげで、渋いカキの実は、虫や鳥などに食べられることはありません。しかし、実の中のタネができあがってくると、カキの実は、渋柿《しぶがき》の実じあっても、渋みが消えて甘くなります。

「渋柿」が渋みを感じない「甘柿《あまがき》」になるとき、「渋が抜ける」と表現します。ところが、ほんとうは、渋が抜け去るわけではありません。カキの渋みの成分は、クリの渋皮の成分と同じで、「タンニン」という物質です。渋柿というのは、タンニンが果肉や果汁に溶け込んでいるカキなのです。

果肉や果汁に溶けているタンニンには、溶けない状態の「不溶性」に変化する性質があります。タンニンが不溶性の状態になると、タンニンを含んだカキの果肉や果汁を食べても、口の中でタンニンが溶け出してこないので、渋みを感じることはなくなります。果肉や果汁に溶けているタンニンを不溶性の状態にすることを、「渋を抜く」と表現します。

ですから、「渋柿が、渋を抜かれて、甘柿になる」という現象がおこっても、甘さが増すわけではありません。また、渋みの成分であるタンニンがなくなるわけではありません。渋みが感じられなくなり、渋みのために隠されていた甘みが目立つようになるだけです。

タンニンを不溶性にする物質が、「アセトアルデヒド」という物質です。アセトアルデヒドというのは、なじみのない物質のように思えるかもしれません。でも、私たちには、かなり身近な物質です。特に、お酒を飲む人には、関係が断ち切れない物質です。お酒に含まれるアルコールは、飲んだあとに体内に吸収されて血液中に入り、アセトアルデヒドになります。

この物質が、「酔う」と表現される症状をひきおこす元凶なのです。顔が赤くなったり、心拍数が増加したり、動悸《どうき》が高まったりするのは、この物質のためです。さらにひどい場合には、吐き気がしたり、翌朝に頭痛などの二日酔いの症状が出るのも、この物質が原因です。

私たちの場合、この物質の血液中の濃度が高くなると、こんなことになるのです。いっぽう、渋柿の中に発生したこの物質は、果肉や果汁に溶けているタンニンと反応して、タンニンを不溶性の状態に変えます。カキの実の中で、タネができあがるにつれて、アセトアルデヒドという物質がつくられてくるのです。

アセトアルデヒドによって、タンニンが不溶性のタンニンに変えられた姿が、カキの実の中にある「黒いゴマ」のように見えるものです。これは口の中で溶けないので、食べても渋みを感じることはありません。黒ゴマのような黒い斑点《はんてん》が多いカキの実ほど、渋みは消えているのです。

こうして、渋いカキは自然に甘くなります。カキの実は、タネができる前の若いときには、虫や鳥に食べられないように渋みを含みます。タネができあがってくると、鳥などの動物に食べてもらえるように甘くなりタネを運んでもらいます。たいへん巧妙な〝すごい〟しくみを備えているのです。

カキの二大品種は、「富有《ふゆう》」と「平核無《ひらたねなし》」です。「富有」は「甘柿の王様」といわれますが、欠点もあります。それは、タネがあることです。いっぽう、「平核無」は、タネがなくて食べやすいので、人気があります。でも、これは、もともとは渋柿です。しかし、渋柿が自然に甘くなるのには、かなりの日数がかかります。私たちには、待ちきれません。

そのため、近年は、人為的に「渋柿から渋を抜く」という技術が発達しています。消費者は、渋みを感じずに、このカキを食べることができます。「このカキは、もとは渋柿だ」ということに気づかずに食べている人は、多いはずです。

果肉や果汁に溶け込んでいるタンニンを人為的に不溶性にする方法は、カキの実の呼吸を止めることです。カキの実も生きています。だから、私たちと同じように、「酸素を吸って、二酸化炭素を放出する」という「呼吸」をしています。この呼吸を人為的に止めると、カキの実の中に、アセトアルデヒドができてきます。

渋柿の呼吸を止める方法が、「渋を抜く」という技術です。いろいろな方法があります。たとえば、渋柿をお湯につけます。お湯につかったカキは、呼吸ができません。だから、アセトアルデヒドができます。水ではなくお湯につけるのは、温度が少し高いとアセトアルデヒドができやすいからです。

アルコールや焼酎《しょうちゅう》を利用する方法もあります。カキが呼吸をしているヘタの部分をアルコールや焼酎につけてから、ビニール袋に入れて密封しておきます。すると、呼吸ができなくなるとともに、アルコールや焼酎を吸ったカキには、アセトアルデヒドが発生しやすくなり、渋が抜けます。

また、二酸化炭素を充満させた袋に、渋柿を入れることがあります。二酸化炭素が充満した袋の中では、酸素がないので、呼吸ができません。ドライアイスを袋の中に入れることもあります。ドライアイスは気体の二酸化炭素を低い温度で凍らせたものですから、溶けると二酸化炭素が発生します。だから、ドライアイスを袋に入れるのは、二酸化炭素を充満させるのと同じ効果が期待されます。

「渋柿を干し柿《ほしがき》にすると、甘くなる」ことも、よく知られています。渋柿の皮を剥いて干すと、果肉の表面が堅くぶあつくなります。そのため、空気が実の内部に入らないので、呼吸ができなくなり、アセトアルデヒドが発生します。

カキは、日本で古くから栽培されてきました。昔は、多くの農家の庭に植えられており、人気のある果物でした。品種も多彩で、約一〇〇年前の調査では、一〇〇〇種以上が記録されていました。しかし、最近は、「カキは、若い人に人気のない果物」といわれます。その理由の一つは、香りがないことです。また、包丁で皮を剥きにくいことも原因です。

もう一つの嫌われる大きな理由は、タンニンが不溶性になってできるゴマのような黒い斑点です。これが果肉の中にあるために、おいしそうに見えず敬遠されているのです。でも、あの黒い斑点があるからこそ、カキの実の渋みを感じずに、おいしさを味わえるのです。見かけは悪いかもしれませんが、果肉に黒いゴマがたくさんあるカキはおいしいですから、毛嫌いせずに味わってみてください。

「痛み」で感じる味は、〝すごい〟

私たちは「味」をどこで感じているのでしょうか。「味」は、舌にある味蕾《みらい》という器官が感じます。味蕾が感じるのは、「甘み」、「酸み」、「塩み」、「苦み」であり、近年は、これに

「旨《うま》み」が加えられ、計五種類の味覚を感じることができます。とすると、「辛み」は「味」に含まれないことになります。「塩み」が「辛み」のことかと思われがちですが、そうではありません。「塩み」は、「塩からい」とか「しょっぱい」といわれる味であり、「ピリピリと辛い」と表現される「辛み」とは異なります。

じつは、「辛み」という味はなく、「辛い」というのは舌が「痛い」と感じることなのです。だから、あまりに辛いものを食べると、「舌がヒリヒリする」と感じたり、「痛いように辛い」と表現したりします。その感覚が正しいのです。

多くの植物たちが、この「辛み」を身につけています。タデ、トウガラシ、ダイコン、ワサビ、カラシナ、コショウ、ショウガ、サンショウなどが代表的な植物たちです。これらの植物たちは、辛みでからだを食べられないように守っているのです。その辛みの成分は、植物の仲間ごとに別々の物質です。それぞれの植物が独自の工夫を凝らしてつくり出しているものなのです。

私たちが「辛み」と表現する一つの味を、植物たちはそれぞれ自分たち独自の工夫で別々の物質によってつくっているのです。それぞれの植物たちが、化学者のような〝すごい〟力をもっているのです。その〝すごさ〟には、脱帽せざるをえません。

それでも、すべての虫や鳥などの動物から、逃れられるわけではありません。人の好みがいろいろ異なることを表現する、「タデ食う虫も、好き好き」ということわざがあります。タデは辛いのですが、そのタデを好んで食べる虫もいるのです。

この表現がよく使われる割には、タデの味は意外と知られていません。「タデの味って、どんな味か」と思われたら、刺身のつまに添えられている紅色の小さな植物を少し味わってみてください。あれがタデの芽生えです。痛いような辛みがあります。

タデの辛みは、「タデオナール」という成分です。「タデ食う虫も、好き好き」のとおりに、あの味をほんとうに大好きな虫がいるのかはわかりませんが、あの味を嫌がる虫は多いのでしょう。それらの虫から、タデはからだを確実に守ることができます。

「ピリッと辛い！」という味は、ダイコンのキャッチフレーズです。ダイコンはアブラナ科の植物で、原産地はヨーロッパ南部との説がありますが、確定はしていません。日本での古い呼び名は、春の七草の一つである「スズシロ」です。

ダイコンのもつ「ピリッと辛い！」という味は、私たちの味覚を刺激したり、食欲をわかせたり、他の料理のおいしさをきわだたせたりする効果があります。しかし、葉や根をかじる虫たちにとって、決して心地よいものではないでしょう。ダイコンの辛みは、「アリルイソチオシアネート」という物質によるものです。この物質には発ガンを抑制するはたらきがあるといわれています。

「ダイコン頭、ゴボウ尻《じり》」という言い伝えがあります。一本のダイコンを思い浮かべてください。どこが根でどこが茎でしょうか。じつはダイコンでは、茎と根の境目は定かではありませんが、上の部分は茎で、下の部分は根です。

この言い伝えのうち、「ダイコン頭」とは、葉の近くの上部の「頭」にあたる部分はおいしいが、とがった先端のほうの「尻」にあたる部分は辛くておいしくないことを意味しています。ダイコンでは、とがった先端が伸びます。「先端が虫に食べられずに伸びるために、辛みの成分を多くもっている」といわれます。

いっぽう、「ゴボウ尻」というのは、「ゴボウでは、葉の近くの上部が堅いのに対し、とがった先のほうがやわらかくておいしい」という意味です。ゴボウも、先端が伸びます。だから、先端は若い組織なので、やわらかいことは納得できます。でも、ゴボウでも、ダイコンと同じように、とがった先端がおいしくあってはいけません。虫に食べられては困るからです。では、なぜ、ゴボウでは、とがった先端のほうがおいしくてもいいのでしょうか。

私たちがゴボウを食べるときには、えぐみや苦み、渋みなどの成分を取り去る「灰汁抜《あくぬ》き」をしなければなりません。ということは、ゴボウは全体に灰汁を多く含むのです。この灰汁が虫に食べられることから、からだを守っています。だから、灰汁抜きをしたあと、食べるときには、伸びていく先端のほうが新鮮でやわらかくておいしいのです。

ワサビは、ダイコンと同じアブラナ科の植物で、その辛みはよく知られています。辛みの成分は、ダイコンと同じ「アリルイソチオシアネート」です。ワサビは、すりおろされる前には、そんなに辛くありません。すりおろされると強烈な辛みが出てきます。これは、辛みの成分であるアリルイソチオシアネートがつくられるしくみに原因があります。

ワサビには、「シニグリン」と「ミロシナーゼ」という二つの物質が存在しています。シニグリンは、アリルイソチオシアネートができる前の物質であり、まだ辛みはありません。ミロシナーゼは、シニグリンに作用して、アリルイソチオシアネートをつくり出す物質です。すりおろされる前のワサビの中では、シニグリンとミロシナーゼという二つの物質は接触しないようになっています。ワサビがすりおろされると、二つの物質が接触して反応し、シニグリンからアリルイソチオシアネートができるのです。この物質は辛みの成分ですから、すりおろされたワサビは辛くなります。

ワサビは、お寿司《すし》や刺身などの日本の料理によくあいます。そのはずで、ワサビは日本原産の植物なのです。ワサビの学名は「ワサビア・ヤポニカ」です。「ワサビア」の「ワサビ」は日本語の「ワサビ」です。「ア」がつけられているのは、学名はラテン語で示されるので、「ワサビ」がラテン語化したためについた語尾です。だから、「ワサビア」は、この植物がワサビ属であることを示し、「ヤポニカ」が、日本生まれであることを意味しています。

ワサビは、英語名も「ワサビ（wasabi）」です。

日本原産のワサビは、「本ワサビ」とよばれ、「スルフィニル」という物質を多く含んでいます。これには、「抗菌作用や、血液をサラサラにする効果がある」といわれ、新しい薬の開発などが期待されています。

それに対し、チューブ入りのワサビや粉ワサビには西洋ワサビが使われており、スルフィニルはほとんど含まれていません。西洋ワサビも、ワサビと同じアブラナ科ですが、ワサビ属ではなく、セイヨウワサビ属の植物です。原産地は東ヨーロッパで、英語名は「ホースラディッシュ」です。

カラシナはアブラナ科の植物で、アジアが原産地です。辛みは、同じアブラナ科のワサビと同じように、シニグリンから生まれてきます。タネを粉末にしたものが、「カラシ（芥子）」です。この粉末に水を加えて練ると、粉末中に含まれているミロシナーゼが活性化され、シニグリンをアリルイソチオシアネートに変化させます。

「カラシとワサビの辛みの成分が、同じアリルイソチオシアネートといっても、味が違うではないか」との疑問があるかもしれません。その原因は、辛みとともに入っているほかの成分が、カラシとワサビで異なるからで、辛みの成分自体はいっしょです。

コショウ、ショウガ、サンショウも〝辛い〟と表現されます。しかし、これらは、それぞれ、コショウ科、ショウガ科、ミカン科に属する植物で、植物学的な類縁関係はありません。そのため、これらの辛み成分は、それぞれ異なっています。

コショウでは「ピペリン」や「シャビシン」、ショウガでは「ジンゲロール」や「ショウガオール」、サンショウでは「サンショウオール」などという物質が辛みの成分です。これらの植物は、それぞれが辛みのある物質をつくることにより、虫や鳥などの動物から、からだを守っているのです。

コショウの実（Animals Animals/PPS）

コショウは「スパイスの王様」といわれ、黒コショウと白コショウが知られています。黒コショウは、未熟な実を乾燥させたもので、白コショウは、完熟した実の果皮が取り除かれたものです。辛みの程度は、黒コショウのほうが白コショウより強いのですが、辛みの成分は同じものです。

「コショウの丸呑《まるの》み」ということ

わざがあります。コショウは、そのまま飲み込むと辛くはないが、かみくだくと辛みがわかります。これにたとえて、「物事は丸呑みすると、ほんとうの意味や意義はわからない。かみくだくように吟味しなければならない」と教えるものです。

ショウガを料理するときには、「なるべく皮を剝かないで、皮をきれいに洗い、汚れた部分だけをそぎ落とすように」といわれます。ショウガの辛み成分「ジンゲロール」が皮のすぐ内側に多く含まれるためです。虫がかじったときに、もっとも効果的にはたらく部分に辛みが集中しているのです。

サンショウは、古くから、その実が「小粒でピリリと辛い」といわれます。しかし、この植物は、辛みで実を守るだけでなく、枝や幹に鋭いトゲをもち、実を食べられにくいようにしています。

ストレスで辛みを変える〝すごさ〟

トウガラシの辛みの成分は、「カプサイシン」という物質です。この物質名は、トウガラシの属名「カプシカム」にちなんで名づけられています。二〇〇八年に、米ワシントン大学の研究チームから、「トウガラシが、辛みで身を守る」という研究成果が発表されました。

チームは、トウガラシの原産地である熱帯アメリカのボリビアに自生するトウガラシを、昆虫が多い地域や少ない地域などの七ヵ所で採取して、含まれるカプサイシンの量を調べました。すると、「昆虫が多い地域のトウガラシはカプサイシンを多く含み、昆虫の少ない地域のトウガラシはカプサイシンをほとんど含んでいない」という結果になりました。

昆虫が多い地域のトウガラシにカプサイシンが多い理由として、「昆虫が実をかじると、表面に傷がつき、そこから病原菌が侵入する。病原菌が実の中に侵入すると、繁殖してタネを殺してしまう。それを防ぐためである」と説明されました。カプサイシンには病原菌の繁殖をさまたげる作用があります。だから「昆虫の多い地域のトウガラシは、多くのカプサイシンを身につけてからだを守る」ということになるのです。

トウガラシは、辛いものです。だから、「トウガラシのように辛ければ、鳥に実を食べてもらえないので、タネは糞といっしょにまき散らしてもらえないのではないか」と心配になります。でも、心配する必要はないのかもしれません。「鳥には辛さを感じる感覚がないので、実を食べてタネを糞といっしょにまき散らす」といわれているからです。

「そうなのか」と納得しつつ、気がかりなことがあります。「鳥には辛さを感じる感覚がない」ということですが、カラスはカプサイシンの辛みを感じるようです。カラスがゴミ袋を破って、中の物を食べ散らかすので、多くの人が困っています。これを防ぐために、カラスよけのネットが販売されています。

カラスよけのためにはネットの色も大切なようですが、そのネットには、「カラスが嫌がるものとして、カプサイシンが含ませてある」と書かれています。どのくらいの効果があるのかは私にはわかりかねますが、それなりの効果があるのでしょう。とすると、カラスは辛みを感じることになります。「タデ食う虫も、好き好き」にならうなら、「辛み食う鳥も、好き好き」ということでしょうか。

同じトウガラシでも、辛みが違うことがあります。この一つの原因は、品種の違いです。トウガラシはナス科の植物で、品種は数多くあります。辛い品種もあるし、そんなに辛くない品種もあります。辛いので有名な品種は「鷹《たか》の爪《つめ》」で、辛くない品種なら、「万願寺《まんがんじ》唐辛子」や「獅子《しし》唐辛子《とうがらし》」などがあります。ピーマンやパプリカも、辛くない品種のトウガラシの仲間です。

「獅子唐辛子」は、略して「シシトウ」とよばれるもっともなじみのある品種です。家庭菜園でシシトウを栽培している人は、「一本の株にできた実でも、実によって辛みが違う」という経験をしたのではないでしょうか。

シシトウを食べていて、何本かに一本、「うわぁ！　辛い」と感じるシシトウに当たります。「当たります」といいつつ、これがほんとうに〝当たり〟なのか、〝外れ〟なのかは、悩ましいところです。人の好みによって、それぞれでしょう。

この場合、一本の株にできた実ですから、辛い理由は、品種の違いでは説明できません。一本の株にできたシシトウでも辛みが違うのは、「成長の途上でストレスが多いと、辛くなる」といわれる現象が理由です。

「温度や水分、日照りなどがいい条件のもとで、すくすく大きくなったシシトウは、辛みが少ない」といわれます。それに対し、暑さや乾燥や日照りなどのために、水不足のようなストレスを感じて、時間をかけて大きくなってきたシシトウは辛い傾向があります。苦労して育ったシシトウは、「味が深い」ということでしょうか。温室育ちのひよわさを咎《とが》めるような現象で、私たち人間にも当てはまるのかもしれません。

「同じ株の中でも、温度や水分、日照りなどの環境の違いがあるのか」との疑問があるかもしれません。同じ株の中の部分によっては、日照りの違いが少しはあるでしょうが、部分による温度や水分の違いはないでしょう。ただ、同じ株にできるシシトウであっても、できる時期は異なります。だから、時期により、温度や水分、日照りなどの環境の違いがおこりますから、シシトウの味にも差異が生まれることになります。

カプサイシンが動物に嫌がられることが、最近、話題になっています。文化財の建物に使われているヒノキの樹皮を使ってつくられた「檜皮葺《ひわだぶき》」の屋根が、アライグマに荒らされています。そのため、塗料にカプサイシンを混ぜて、「檜皮葺」の屋根に吹きかけるというのです。「アライグマが嫌がって、近寄らなくなる効果がある」といわれます。それだけでなく、この物質は、「檜皮《ひわだ》」の屋根の腐食を防ぎます。腐食を促す細菌が、この物質を嫌がるからでしょう。

（二）苦みと酸みでからだを守る

「苦み」の成分は？

「苦み」と表現される味の代表の一つは、ゴーヤーの若い実の味です。ゴーヤーは、「レイシ（茘枝）」とよばれたり、ツル性の植物なので、「ツルレイシ」といわれたりすることもあります。漢字では「苦瓜」と書かれ、「ニガウリ」とよばれます。「苦みをもったウリ」という意味です。ゴーヤーは、ウリ科の植物なのです。英語でも、「ビターメロン」で、「苦い（ビター）ウリ科の植物（メロン）」を意味しています。

私たちが食べているゴーヤーは成熟する前のものであり、苦みが少しあります。このゴーヤーの苦みがよく感じられるのは、「ゴーヤーチャンプルー」です。この料理は、今では全国的になりましたが、もともとは、ゴーヤーの産地である沖縄県の郷土料理です。この苦みの成分は、「ククルビタシン」「モモルディシン」や、「チャランチン」というものです。

「奇妙な名前の物質だ」と思われるかもしれませんが、それぞれ由緒正しいものです。ゴーヤーは、ウリ科（ククルビタシア）に属し、学名は「モモルディカ・チャランチア」です。学名は、その植物が属する属名とその植物の特徴を表す種小名《しゅしょうめい》で成り立ちます。苦みの原因となる「ククルビタシン」は、ウリ科の科名「ククルビタシア」に由来します。また、「モモルディシン」はゴーヤーの属名「モモルディカ」にちなみ、「チャランチン」は種小名「チャランチア」にちなんで名づけられているのです。

ゴーヤーは、完熟すれば、タネのまわりが赤いゼリー状になり、甘みをともないます。実が熟すまでは、中のタネが成熟していないので、動物に食べられないように、苦みでタネを守っているのです。タネが完全にできあがると、動物が食べてくれるように、タネのまわりに甘みができておいしくなります。スプーンでその果肉を、すくって食べることもできます。完熟しても食べられずに放っておかれると、おいしい実を見せびらかすように割れてきます。

「えぐい」って、どんな味？

「えぐい」と表現される味があります。この味の代表は、「タケノコ」です。タケノコを食べるときには、このえぐみをとるために、十分にゆでます。そのとき、米ぬかを加えます。「米ぬかがお湯に加えられると、タケノコのえぐい成分が、お湯だけの場合より数十倍もよ

タケノコ（イラスト・星野良子）

く溶け出す」といわれます。

タケノコは米ぬかを入れたお湯で十分にゆでたあとに食するので、私たちが口にするときには、「えぐい」という味は消えています。そのため、「えぐい」というのは、どんな味かがわかりません。辞書には、「あくが強く、のどをいらいらと刺激する味」と書かれています。

酸っぱい、甘い、辛い、苦いなどの漢字は、よく知られています。しかし、「えぐい」はむずかしい漢字のためか、あまり目にしません。だから、多くの人に、「えぐい」という味や、「えぐい」という漢字は知られていません。「答えにくい」とわかっているのに、

カタバミ（撮影・田中修）

「『えぐい』って、どんな味か？」と聞き、「『えぐい』って、どんな漢字なのか？」と答えを求めるのは、〝えぐい〟質問でしょう。「えぐい」には、「あくが強く、のどをいらいらと刺激する味」とは別に、もう一つ、「人を強烈に不快にさせる」という意味があります。

　ちなみに、「えぐい」は、漢字で「蘞い」と書きます。タケノコの蘞みの主な成分は、「ホモゲンチジン酸」という物質です。

酸みの力は〝すごい〟

　カタバミという雑草があります。三枚の小さな葉が一セットになっていて、それぞれがかわいいハート形をしているのが、こ

カタバミの葉で磨いた十円玉。写真左側（裏面）だけを磨きました。磨いていない右側（表面）との違いがよくわかります（撮影・田中修）

の植物の特徴です。植物学的には、この三枚の小さな葉の集まりが、一枚の葉っぱです。

春から秋まで長い期間にわたって、葉のつけ根から伸びだした花茎に、先端が五つに分かれた黄色の小さい花が咲きます。この花は、太陽の明るい光が当たっているときには、開いていますが、曇っているときには閉じています。家の庭や花壇のまわり、公園や校庭など、どこにでも生えている雑草です。

この雑草を見かけたら、数枚の葉っぱを摘み取り、古くて光沢を失った十円玉に押しつけながらこすりつけて、磨いてください。葉っぱには、けっこう多くの汁が含まれています。指が汚れて緑色の汁が手や衣服につくことが心配なら、汁が直接に手につかないように薄いビニールの袋を手袋のかわりにして、ビニール袋の内側に手を入れて、その外側で葉っぱを指でつまめばよいでしょう。

この植物の葉っぱで古い十円玉を磨けば、こすった部分がピカピカになるのがすぐにわかります。新鮮な葉っぱを追加して、古い十円玉の全体をくまなくこすれば、みるみるうちに、全体がピカピカの十円玉になります。

古い十円玉がピカピカになるのは、カタバミの葉っぱに含まれる「シュウ酸」という物質のためです。シュウ酸は、酸っぱい味がし、英名を「オキザリック・アシッド」といいます。この名前はカタバミの属名「オキザリス」にちなんでおり、ギリシャ語で、「オキザリス」は「酸っぱい」を意味します。「アシッド」は「酸」という意味ですから、「酸っぱい酸」ということになり、いかにも酸っぱそうな名前です。

カタバミの仲間に、ムラサキカタバミという植物があります。カタバミと同じカタバミ科に属します。この植物は、市街地の家の近くの路傍や石垣の間などに育っています。初夏に花茎が葉より高くに伸び出し、その先端部分には五弁に分かれたロウト形の花びらをもつ雑草とは思えぬ可憐《かれん》な花が咲きます。数個の紅紫色の花をつけた花茎は、次々と伸び出してくるので、毎日、一株に多くの花が咲きます。

カタバミの葉っぱよりひとまわり大きいハート形の三枚の葉っぱが、この植物の特徴です。属名は「オキザリス」で、カタバミと同様に、葉っぱに「シュウ酸」を含んでいます。ですから、この葉っぱで、古くて光沢を失った十円玉を磨けば、やっぱりピカピカになります。

カタバミもムラサキカタバミも、ごく身近にある雑草です。ですから、容易に見つけることができます。ぜひ、実験をして確かめてください。これらの葉っぱは、必ずしも採りたての新鮮なものでなくてもかまいません。葉っぱをビニール袋に入れて封をし、冷蔵庫に保存しておくことができます。葉に汁が含まれた状態なら、いつでも好きなときに使えます。

「カタバミやムラサキカタバミの葉っぱは、なぜ、このような性質をもつのだろう」と考えてください。これは、葉っぱが虫などに食べられることを防ぐためです。カタバミやムラサキカタバミは、シュウ酸を多く含み、葉っぱをおいしくないようにしています。その酸っぱさで、虫や鳥などの動物から、葉っぱを守っているのです。「カタバミの葉を好んで食べるのは、シジミチョウの幼虫ぐらいだ」といわれます。

酸っぱい物質がレモンの果汁にも含まれていることは、よく知られています。ですから、「レモンの果汁でも、古くて光沢を失った十円玉をピカピカにできるのではないか」と思いつく人もいるでしょう。試みに、レモンの果汁で古い十円玉を磨けば、予想通り、古い十円玉はピカピカになります。

レモンでは、果汁を搾り出すことができます。ですから、こすりつけて磨くだけでなく、その果汁の中に古い十円玉をつけておくことができます。果汁を搾り出し、その液に古い十円玉を数十分もつけておけば、ピカピカになります。

ただ、レモンの酸っぱい味の成分は、「シュウ酸」ではなく、「クエン酸」という物質です。クエン酸は、「私たち人間の疲労回復に効果がある」という物質です。からだの中でクエン酸を介して、多くのエネルギーが発生するからです。

クエン酸は梅干しにも多く含まれ、梅干しの疲労回復効果は、この物質のおかげとされています。また、洗浄剤にも使われる物質です。ただ汚れを落とすだけでなく、金属をピカピカにする作用があります。

ほかにも、酸っぱさでからだを守っている植物があります。スイバという植物は、酸っぱい葉を意味する「酸い葉」と書かれるように、葉っぱに酸っぱいシュウ酸を含んでいます。スイバと同じタデ科のギシギシの葉にも、シュウ酸が含まれています。

スダチやミカンなどの柑橘《かんきつ》類の果実の酸っぱさの正体も、同じ柑橘類であるレモンと同様に、クエン酸です。完熟して実の中のタネが完全にできあがるまで、虫や鳥などの動物から、酸っぱさでからだを守っているのです。

植物がもつ酸っぱい成分は、多種多様です。「シュウ酸」や「クエン酸」以外にも、酸っぱいリンゴの主な酸みの成分である、「リンゴ酸」があります。「酸み」と一言でいっても、植物ごとにその成分は異なっているのです。

私たち人間の場合、シュウ酸を少しくらい味わっても「酸っぱい」と感じるくらいです。また、レモンやスダチのクエン酸の酸っぱさは、食欲を誘ったり、料理の味をきわだたせたりする効果があります。リンゴ酸の酸っぱさは、「少し酸味がある」と表現され、好意的な味に感じられています。

しかし、多くの虫や鳥などの動物にとっては、酸っぱいシュウ酸やクエン酸、リンゴ酸の味は、かなり強い忌避効果があるのでしょう。だから、植物たちは、虫や鳥などの動物から、酸っぱさでからだを守ることができるのです。

ミラクル・フルーツの思いは？

ふしぎな果実があります。大きさは二センチメートルに満たない、楕円《だえん》体の赤い実です。この実にはほとんど甘みはなく、実を食べても、うっすらとした甘みしか感じません。ところが、この実を食べたあとに、レモンのように酸っぱいものを食べると、ふしぎなことに、その酸っぱさを「甘い！」と感じるのです。

その果実は、西アフリカ原産のリカデラというアカテツ科の植物の実です。「ふしぎな果実」といわれたり、ふしぎを超えて「奇跡の果実」となり、「ミラクル・フルーツ」とよばれます。

甘みを感じさせる成分は、「ミラクリン」と名づけられています。これは、酸っぱい物質を甘みのある物質に変えるのではありません。「口の中にミラクリンが存在すると、酸っぱい物質が存在するときに限り、甘みを感じる感覚が敏感になる」というしくみが明らかにさ

ミラクル・フルーツの実（提供・日本福祉大学 島村光治）

れています。

ふつうに酸っぱい食べ物といっても、その中には「甘み」も含まれています。酸っぱいと感じるのは、「甘み」よりも「酸っぱみ」が勝つからです。ところが、ミラクリンを食べたあとに酸っぱい食べ物を食べると、甘みが敏感に感じられ、酸っぱささえも、甘く感じるのです。

これを食べたあとは、「酸っぱいヨーグルトが甘いプリンのように感じられる」、また、「酸っぱいミカンを甘い完熟ミカンのように味わえる」、あるいは、「梅干しの酸っぱさが甘い蜂蜜《はちみつ》味に変わる」といわれます。

「ミラクル・フルーツは、何のために、こんな性質の果実をつくるのだろうか」と気になります。この果実を食べた動物が、酸っぱいものを食べたら甘く感じるのが嫌なので、「もう、この実を食べないでおこう」と思うからでしょうか。この場合、「甘み」は、私たちには「スイーツ」として、もてはやされるおいしい味ですが、「虫や鳥には、つらい味なのだ」と考えねばなりません。

あるいは、この実を食べると、そのあとに酸っぱい実を食べても、甘くおいしく感じるので、この実を好んで食べることも考えられます。そのおかげで、ミラクル・フルーツはタネを遠くへまき散らしてもらえるということでしょうか。この場合、「虫や鳥は、甘いものが大好きだ」ということが前提になります。

この実は、私たち人間には役に立ちます。この果実を食べると、糖分をとらずに甘い味を楽しむことができます。ですから、甘みのある食品の摂取を厳しく制限されている糖尿病の人たちは、この実のおかげで糖分をとらずに甘みを味わう食生活を送れます。

近年、イヌやネコなどのペットが糖尿病になっているといわれます。これらのペットの食生活にも、この実は役立つでしょう。しかし、まさか糖尿病の人やイヌやネコのために、この実がこんな性質をもっているわけではないでしょう。

「虫や鳥が、この実を食べて、どう感じるか」、あるいは、「なぜ、この実は、このようなふしぎな味を含んでいるのか」などは、よくわかりません。名前のとおりに、ほんとうに「ふしぎな果実」です。

ここまで、「渋い」、「苦い」、「酸っぱい」、「辛い」、「甘い」などの味で、植物たちが、虫や鳥などの動物から、からだを守っていると紹介してきました。虫や鳥がどんな味を好み、どんな味を嫌うのかは、食べられていたり、あるいは、食べられていない葉っぱや果実を観察していると、ある程度は推測できます。

しかし、目に見えない病原菌は、どんな味を好むのか、どんな味を嫌うか、その味覚は想像できません。ですから、植物たちの〝味〟は、「病原菌にも嫌がらせになっており、植物たちは病原菌からからだを守っているはず」と考えられますが、ほんとうは、どうなのかはわかりません。

でも、はっきりと、虫に食べられることを防御するとともに、病原菌の感染を防ぎ、病原菌を退治するための物質をもつ植物たちがあります。そのしくみの〝すごさ〟を次章で紹介します。

第三章　病気になりたくない！

（一）野菜と果汁に含まれる防衛物質

「ネバネバ」の液でからだを守る〝すごさ〟

植物たちは、動物に食べつくされることを防ぐだけではなく、病気にならず健康に生きなければなりません。そのためには、からだに侵入しようとする病原菌を退治しなければなりません。そこで、多くの植物たちは、いろいろな物質を身につけています。

葉の柄（葉柄《ようへい》）や、花を支える柄（花柄《かへい》）を折ると、汁を分泌する植物があります。たとえば、タンポポです。タンポポの葉柄や、花柄を折ると、〝白い汁〟が出てきます。この白い液が〝乳〟のように見えることから、タンポポは「乳草」ともよばれます。

この白い汁は、葉柄や花柄を折ったときだけでなく、虫などの動物が葉柄や花柄をかじったときにも出てきます。少しネバッとしており、小さな虫なら、この液がからだにかかればパニック状態になり、それ以上はかじらないでしょう。

私は試したことはありませんが、「この液をアリにかけると、アリは動かなくなる」といわれます。また、「この液には、苦みがある」といわれています。ますます、虫はかじるのをやめるでしょう。こんな液が出ているところに、病原菌も近づかないでしょう。

〝ゴムの木〟が、観葉植物として売られています。これは、クワ科のインド原産の植物です。葉っぱを幹から切り取ると、白い液がドロッと出てきます。この液から、ゴムがつくられます。元気なゴムの木なら、葉っぱを傷つけるだけで、葉っぱから白い液が出てきます。そんな液を虫は嫌がるはずです。病原菌もこの傷口から感染することはできないでしょう。

ヤマイモの食用部やオクラの実を傷つけると、ヌルヌルとしたネバネバの液が出てきます。この粘り気の成分は、液に含まれる「ムチン」という物質によるものです。ムチンは、ネバネバした性質で、かじった虫たちを困らせるでしょう。からだの表面にある気門《きもん》という穴から空気を取り込んでいる昆虫なら、この液に気門をふさがれて呼吸ができなくなるでしょう。こんな液が出てくる植物を、病原菌は避けるでしょう。

ネバネバの成分であるムチンを含む植物は、ヤマイモやオクラ以外に、サトイモ、モロヘイヤ、アシタバなどがあります。私たちがムチンを食べると、「胃の粘膜などを保護するのに役立つ」といわれたり、「タンパク質の分解を助ける作用がある」ともいわれたりします。ムチンは、虫や病原菌には嫌みな物質ですが、私たちには健康を守ってくれる物質なのです。レンコンを切ったときには、糸を引きます。この糸の粘り気の成分も、ムチンです。ネバネバしたレンコンを酢につけると、サクサクと歯切れがよくなります。あるいは、加熱すると、ネバネバの程度は低下します。これは、酢の成分である酢酸《さくさん》という強い酸や、高い温度でムチンの性質が変化するためです。

タンパク質を分解する果汁の〝すごさ〟

イチジクの実や、実を支えている柄の部分を折ると、切り口から白い液が出てきます。少しドロッとしています。虫や鳥などの動物がイチジクを食べようとして、実や柄をかむと、このドロッとした液が出てきて、嫌がらせの効果は十分にあるでしょう。こんな液が出ているところには、病原菌や虫は近づかないでしょう。

しかも、この液には、タンパク質を分解する「フィシン」という物質が含まれています。このおかげで、イチジクを入れて肉料理をつくると、肉のタンパク質が分解されるので、肉がやわらかくなります。また、食後にイチジクを食べると消化が促進されます。

「イチジクを使う料理をすると、指の指紋が消える」という噂《うわさ》があります。あるテレビ番組で、この噂が検証されました。実際に、イチジクを使って料理をしてみると、「イチジクを触っていた指の指紋が消えかかった」というのです。

その原因は、「イチジクから出てくる白い液体には、タンパク質を分解する作用があるため」と説明されていました。「イチジクの汁で、指の指紋が消えかかった」ということなら、消えたわけではなく、気持ちの問題ですから、そう感じることもあるかもしれません。でも、「イチジクを使う料理をすると、指の指紋が消える」というのは信じがたいことです。その真偽は、慎重に確かめなければならないでしょう。

イチジクは、白い乳液で、肉をやわらかくしたり指紋を消したりするつもりはないでしょう。この白い乳液は、実を食べようとする虫や幼虫のからだを構成するタンパク質を分解することで、からだを食べられることに抵抗するためのものです。また、イチジクは、傷ついたときに侵入してくる病原菌を退治するために、このような物質をもっているのです。

パイナップルの果汁にも、「ブロメライン」や「ブロメリン」といわれる、タンパク質を分解する物質が含まれています。この物質も、病原菌や虫にとって嫌がらせとなりますが、私たちにとっては、肉料理に加えると肉をやわらかくしたり、消化を助けてくれたりして役に立ちます。

酢豚に、パイナップルが入っています。いかにも不釣り合いな組み合わせのように思えます。入れられた当初、パイナップルは高価な果物であり、酢豚の高級感を高めるのに役だったような気がします。しかし、現実的には、パイナップルが酢豚に加えられるのは、肉をやわらかくし、消化を助ける効果を期待してのものです。

パイナップルを食べすぎると、口のまわりがヒリヒリすることがあります。パイナップルには、シュウ酸カルシウムの針状の結晶が含まれていることが一つの原因です。それに加えて、ブロメラインが口のまわりの肌や粘膜のタンパク質を分解して傷つけることも一因です。

パパイヤにも、「パパイン」という物質が含まれます。キウイには、「アクチニジン」という物質が含まれています。メロンには、「ククミシン」という物質が含まれます。これらは、いずれもタンパク質を分解する物質です。ですから、イチジクやパイナップルと同様に、虫などに嫌われ、病原菌を退治するためのものです。私たちにとっては、タンパク質を分解するので、料理に加えられると肉をやわらかくしたり、肉といっしょに食べると肉の消化が促進されたりするのに役立ちます。

学名が「ヤトロファ・クルカス」、和名では「ナンヨウアブラギリ（タイワンアブラギリ）」とよばれる、植物があります。熱帯アメリカが原産地のトウダイグサ科の樹木です。この植物の白い乳液のような樹液の中には、シャボン玉をつくる石鹸《せっけん》と同じ成分が含まれています。

枝を五〜一〇センチメートルに切り取って、その枝をストローのようにして吹けば、切り口からシャボン玉が膨れてきます。そのため、この木は、「シャボンダマノキ」とよばれています。

虫などがこの木をかじると、ぬるっとした石鹼のような液が出てきます。ですから、虫が嫌がります。嫌がるだけでなく、からだについたり、飲んでしまったりしたら害になるでしょう。この木にとって、シャボン玉の液は、病原菌や、虫や鳥などの動物たちから、からだを守るための物質です。

ムクロジというムクロジ科の植物があります。最近はあまり見かけなくなりましたが、一昔前には、お正月に子どもたちが羽根つきをしていました。その羽根つきに使う羽子《はご》の黒い球に使われていたのが、これの実です。

この実にも、「サポニン」という石鹼の成分が含まれており、「昔は、石鹼のかわりに使われていた」といわれます。「その液で、シャボン玉もつくれる」といわれます。シャボンダマノキの液と同じ効果で、病原菌や、虫や鳥などの動物たちから、からだを守るために役立っています。

（二）病気にならないために

かさぶたをつくって身を守る植物たちの〝すごさ〟

植物の命は、私たち人間の命と比べると、取るに足りぬ小さなものと思われがちです。しかし、私たちと同じしくみで生きています。同じ悩みももっています。そして、その悩みを解くために、毎日、がんばっています。そのがんばりの一つの現象を紹介します。

「ハガキノキ」とよばれる植物があります。この植物の葉っぱは、長いものなら長さ約二〇センチメートル、幅七〜八センチメートルでかなり大きいのですが、何の変哲もありません。

ところが、この葉っぱを一枚切り取って、その裏面に、釘《くぎ》か細い針金、あるいは、インクのなくなったボールペンなど先端が少しとがったもので文字を書くと、はじめはうっすらとだけ文字が見えます。

しかし、数分も経《た》たないうちに、文字の黒みが増し、くっきりとした黒い文字が浮かびあがってきます。この葉っぱの裏面は薄い緑色なので、針金などで傷がついた部分が黒くなれば、文字がよく目立ちます。時間が経つとともに、文字の鮮明度はますます増してきて、はっきりと読むことができます。簡単な絵を描けば、絵も鮮明に浮かびあがります。

メッセージを書いた「ハガキノキ」（撮影・田中修）

郵便の「はがき」は、「葉書き」という漢字が当てられます。昔、葉っぱに文字を書いたのが、「葉書き」の語源であるといわれます。この植物の葉っぱには、文字がはっきり浮かびあがるので、この植物が「ハガキノキ」とよばれるのにふさわしいでしょう。

ところが、「ハガキノキ」は、正式な植物名ではありません。だから、多くの植物図鑑の見出し語には、この名前は見当たりません。ほんとうの名前は、「タラヨウ」なのです。「タラヨウ」という名前も、この木の葉っぱに文字が書けることに由来します。

昔、インドでは、ヤシ科の「タラジュ（多羅樹）」という植物の葉っぱに、鉄筆でお経を書いたといわれています。それにちなんで、葉っぱに文字が書ける「ハガキノキ」が、「タラヨウ（多羅葉）」と名づけられたのです。タラヨウはモチノキ科の植物で、原産地はアフリカです。

郵政省（現・日本郵便）が、一九九七年に、タラヨウを

「ハガキノキ」にちなんで「郵便局の木」と定め、郵便局の「シンボル・ツリー」として、東京中央郵便局、大阪中央郵便局、京都中央郵便局など、多くの郵便局に植栽しました。

現在でも、私の住んでいる京都では、京都中央郵便局や、京都北郵便局の植え込みに育っています。さらに小さな特定郵便局の前にも植えられていることが多いので、皆さんの家の近くの郵便局にもあるはずです。木のそばには、「郵便局の木『タラヨウ』」と書かれた、小さな看板が立てられていますから、容易に見つかります。

タラヨウ（撮影・田中修）

「この葉っぱに、一二〇円切手を貼《は》ってポストに入れれば、はがきとして届けてもらえる」といわれます。この料金は「定形外」の郵便料金です。「定形外」という扱いなら、厚さや重さ、大きさに制限はありますが、ボール紙でも段ボールでも、規定の料金さえ払えば届けてもらえます。だから、この葉っぱだけが特別の扱いではないでしょう。
「針金で傷がついた部分が黒くなり、文字がはっきり浮かびあがる性質は、葉っぱにとって、どんな意義があるのか」という疑問があるでしょう。この性質は、葉っぱがからだを守るための一つの方法なのです。

虫などが葉っぱをかじって傷がつくと、そこから病原菌が入り込みます。だから、黒い物質で固めることで、病原菌が入り込めないように傷口をおおってしまうのです。人間の場合に当てはめると、この現象は、傷口にかさぶたができるようなものです。

これは、葉っぱが生きているからこそおこる反応です。そのため、水気がなくなって乾燥してしまった葉っぱには、文字は書けません。もしタラヨウの葉っぱを手に入れたら、新鮮なうちに文字を書いてください。

ただ、この性質はタラヨウだけのものではありません。たしかに、タラヨウの葉っぱは、肉厚で平たく、平たい部分が広いので文字が多く書けます。また、この植物の葉っぱの裏面には、葉脈《ようみゃく》がほとんど目立たず、葉っぱの表皮が薄いので文字が書きやすいのです。書いた文字は日が経っても読みにくくならず、長い間文字がきれいに保存されるという点でも、タラヨウの葉っぱはすぐれた素材です。

身近にある木の葉っぱにも、文字が鮮明に浮かびあがるものは、意外と多くあります。たとえば、庭や生け垣に植えられているネズミモチやトウネズミモチの葉っぱなどです。アオキ、ヤツデ、ポトス、オカメヅタ、ホンコンカポックなどでも、葉っぱの裏面に書いた文字が、時間が経つと、浮かびあがります。

多くの植物の葉っぱが、傷口を黒い物質で固めることで、病原菌の侵入を防いでいるのです。植物も、私たちと同じように、健康な生活を望んでいるので、病原菌が感染して病気にならないようにしているのです。身近にある樹木の葉っぱで、ぜひ、試みてください。私たちと同じように、傷口をかさぶたでおおう姿を見ると、植物たちのしくみに感心するとともに、植物たちにいとおしさを感じる人もいるでしょう。

「葉っぱに針金で書いた文字が黒く浮かびあがるのは、病原菌の侵入を防ぐため」と理解すると、次には、「どんなしくみで、文字が黒く浮かびあがるか」という疑問が浮かびます。この現象は、バナナやリンゴを切って、しばらく置いておくと、切り口が黒褐色になるのと同じしくみです。次の項で、そのしくみを紹介します。

かさぶたをつくるしくみ

バナナやリンゴを切って、しばらく置いておくと、切り口が黒褐色になります。「どんなしくみで、バナナやリンゴの切り口が黒褐色に変色するのか」と、考えてみてください。

バナナやリンゴの実が切られることで、それまで皮に包まれていた果肉や果汁は、はじめての出会いを経験します。果肉や果汁には、光が直接に当たります。また、果肉や果汁は空気と接触します。「光との出会い、空気との出会いのどちらが原因で、黒褐色に変色するのか」という疑問は、容易に調べることができます。

バナナやリンゴの実を真っ暗な中で切り、そのまま光を当てないで置いておくのです。すると、真っ暗な中でも、時間が経つと、切り口は黒褐色に変色します。だから、切り口が黒褐色に変色するのは、光が当たることが原因ではありません。いっぽう、切ったあとにラップをしたり水につけておいたりすると、光が当たっても変色することはありません。

切り口が黒褐色に変色するのは、空気とはじめて触れるためなのです。しかし、空気と触れるといっても、乾燥した空気の中でも、湿った空気の中でも、切り口は黒褐色に変色します。だから、空気中の湿度が原因ではありません。いったい、空気の何に反応するのでしょうか。

空気の中に含まれている気体と反応するのです。空気に多く含まれている気体は、窒素と酸素です。また、植物とかかわりが深いのは、光合成の原料となる二酸化炭素です。このうち、切り口が黒褐色に変色する原因となる気体は、どれでしょうか。

それは、酸素なのです。バナナやリンゴの果肉や果汁の中には、酸素と反応するものが含まれています。それは、ポリフェノールという物質です。ポリフェノールが、空気中の酸素と接触して、黒褐色になるのです。

ポリフェノールという物質は、バナナやリンゴの果肉や果汁の中に存在します。しかし、皮を剝いたり、実を切ったりしなければ、この物質は空気中の酸素と触れることはありません。だから、切らない実の中では、黒褐色にはならないのです。レタス、ゴボウ、ウドなどでも、切り口が黒褐色になります。これらも、バナナやリンゴの場合と同じしくみです。バナナやリンゴが黒褐色になると、見た目に汚い印象で、おいしそうに見えません。

そこで、それを防ぐために、水や酢につけて切り口に含まれるポリフェノールと酸素の接触をさまたげます。すると、切り口は黒褐色にはなりません。昔からこれらの食材を調理する際に利用されている方法で、生活の知恵です。

「バナナやリンゴなどの切り口が黒褐色になるのは、果肉や果汁の中に含まれていたポリフェノールという物質が、空気中の酸素と反応するからです」という説明は、間違ってはいません。しかし、もう少していねいに説明すると、この反応を進めるためには、もう一つの物質が果肉や果汁の中に必要です。それは、「ポリフェノール酸化酵素」という物質です。この物質が、酸素とポリフェノールの反応を進め、ポリフェノールを黒褐色にするのです。

「この物質がなければ、黒褐色にならないのか」という疑問が浮かぶでしょう。「黒褐色にならない」が答えです。そのことを証明するように、「時間が経っても、切り口が黒褐色にならないリンゴ」というのが、新しい品種として開発されています。「青森県りんご試験場」で開発された「青り27号」という品種です。

このリンゴは、ふつうのリンゴと同じ量のポリフェノールをもっています。しかし、切ってから時間が経っても黒褐色になりません。その理由は、ポリフェノール酸化酵素をごく少ししかもたないからです。そのために、ポリフェノールと酸素の反応が進みにくいのです。

すりおろしたばかりのリンゴの果肉と果汁は白っぽいのですが、少し時間が経つと、黒褐色になります。ところが、「青り27号」のすりおろした果肉と果汁は、時間が経過しても、なかなか変色しません。ポリフェノール酸化酵素が極端に少ないので、ポリフェノールと酸素の反応が進まないからです。

ハガキノキといわれるタラヨウの葉っぱに針金で文字を書くと、その文字が黒く浮かびあがるのは、バナナやリンゴの切り口が黒褐色に変色するのと、まったく同じしくみです。葉っぱに針金で傷がつくと、中に含まれていたポリフェノールを含んだ汁が空気に触れ、ポリフェノール酸化酵素が反応を進めるので、黒くなるのです。傷ついていない部分は酸素と触れないので、そんな反応はおこりません。だから、文字を書いて傷をつけた部分だけが黒く浮かびあがります。

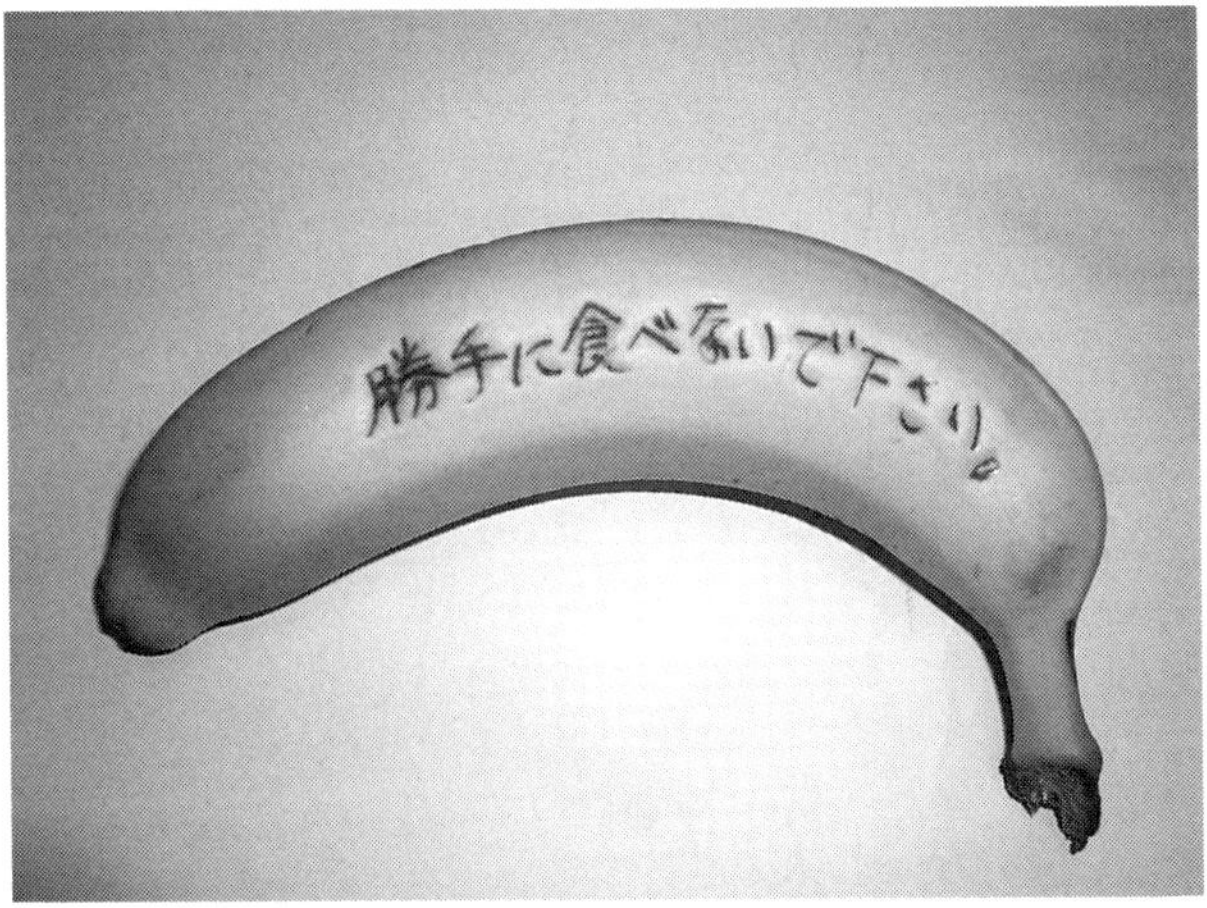

バナナの「メモ」（撮影・田中修）

葉っぱではありませんが、同じ理屈で文字が書けるのは、バナナの皮です。バナナの皮にも、ポリフェノールやポリフェノール酸化酵素が含まれています。そのため、皮に傷をつけて、時間が経つと、ポリフェノール酸化酵素のはたらきで、ポリフェノールが黒褐色になります。

バナナの皮では、かなり鮮明に文字が浮かびあがります。だから、新鮮なバナナの皮は、「はがき」にはならなくても、ちょっとした伝言をするための「メモ用紙」になら十分使えます。

(三) 香りはただものではない!

カビや病原菌を退治する〝すごさ〟

緑の森の中を歩く「森林浴」は、たいへんに気持ちが良いものです。「森林浴」というのですから、森林で何かを浴びているはずです。「森林の中で何を浴びて、気持ちがいいのだろうか」と考えてください。

小鳥の鳴き声がこだまするような「シーン」とした静けさでしょうか、あるいは、森をおおうように存在するしっとりとした湿り気でしょうか。あるいは、森の樹々が光合成をして放出する酸素でしょうか。あるいは、「何かを浴びているというのは気のせいで、特に、何かを浴びているわけではない」と思う人もいるでしょう。

じつは、森林浴で浴びているのは、樹々の葉っぱや幹から出ている、ほのかに感じる香りなのです。森林浴では、マツやヒノキなどの樹々が出す香りを浴びています。樹々の香りを思いきり吸い込めば、身も心もリフレッシュするのです。

樹木は、葉っぱや幹から香りを放っています。これらの香りは、私たちの暮らしの中で、入浴剤や化粧品等に使われています。そのおかげで、私たちは、心を癒《いや》され、心身ともにリフレッシュされ、安眠や食欲まで促される効果を享受しています。

「アロマセラピー」、あるいは、「アロマテラピー」という語があります。アロマは「芳香」のことです。「セラピー」や「テラピー」は、「治療」や「療法」を意味します。植物の花や葉の香りを嗅《か》いで、気持ちを鎮静化させたり、ストレスを軽減したりして、心身の健康をはかる治療法です。

「香り」というと、このように「やさしい」イメージがあります。しかし、植物たちの香りはやさしいだけではありません。からだを守るために、カビや病原菌を退治する役割も担っているのです。「香りはただものではない」という例を紹介します。

ヒノキの葉っぱは、香り高いものです。この香りの殺菌効果はよく知られています。だから、昔から、この効果を期待して、食品の新鮮さを保つために利用されています。魚屋さんやお寿司屋さんの店頭では、生魚の下にヒノキの葉っぱが敷かれていることがあります。一昔前には、秋になると多くの店で、マツタケが大切そうにこの上に載せられて売られていました。

ヒノキは、葉っぱだけでなく、幹や枝の材も香りが高く、その香りのおかげで、この材は細菌や虫に強いのです。ですから、生ものを載せるため細菌の繁殖を防がねばならない「まな板」や、湿気が高く温かいので細菌が繁殖しやすいお風呂《ふろ》で使う「桶《おけ》」や「椅子《いす》」などの木製品に使われています。

ヒノキの材は、虫に食べられたり腐食したりせずに、長持ちしなければならない建物や建具、高級なタンスなどの家具にも使われます。奈良の法隆寺《ほうりゅうじ》は、世界最古の木造建築であり、築後一〇〇〇年を超えていますが、建築材料には、ヒノキが使われています。

ヒノキに含まれ、抗菌、殺菌作用をもつ「木の香り」と表現されるのは「ヒノキチオール」です。昔からいわれる「ヒノキ油」の成分です。このような植物の葉や幹から放出される香りは、「フィトンチッド」とよばれます。「フィトン」とは「植物」という意味で、「チッド」は「殺すもの」という意味のロシア語です。

「フィトンチッド」は、植物たちがカビや病原菌を遠ざけたり退治したりするための香りです。「森林浴で浴びているのは、樹々の葉っぱや幹から出ている、ほのかに感じる香りなのです」と紹介しました。香りはほのかでも、その作用はかなりすごいものです。ほのかな香りが、カビや病原菌を遠ざけたり退治したりするはたらきをするのです。

私たちは暮らしの中で、この香りのはたらきを、防虫剤や防腐剤などに利用しています。たとえば、柏餅《かしわもち》や桜餅、柿の葉寿司などは、植物の香りを利用して食べ物の保存をはかる例です。ササやタケの葉っぱは、チマキや笹《ささ》団子、鱒《ます》寿司を包むのに使われます。昔は肉やおにぎりなどを包むのに、タケの皮が利用されていました。

近年は、肉やおにぎりを包むのに、タケの皮が使われることが少なくなりました。でも、鯖《さば》寿司を包むのには、今でも、タケの皮が使われます。これは、自然の素材で包むことにより、鯖寿司に高級感をもたせる効果があることも一因でしょう。

でも、それだけではありません。サバは傷みやすいのです。そのため、昔から、漁で陸揚げされて並んでいるサバが何匹かを数えるときには、時間をかけずに、パッパッパと数えてきました。その結果、数はいい加減になります。だから、いい加減な数をいうときには、「鯖を読む」という表現が使われるのです。そんな傷みやすいサバが腐るのを遅らせるために、タケの皮が使われているのです。

「植物の香りが、ほんとうにそんな効果をもつのだろうか」と疑う人もいるでしょう。その効果は、実験で容易に確かめることができます。小さな容器に香りを発散する植物、たとえば、ヒノキの葉っぱや、市販されている植物の香り物質などをいれます。そして、大きい容器に、カビの生えやすいお餅のような食べ物を入れ、準備した小さい容器もいっしょに入れて密封します。香りがない場合、お餅にはすぐにカビが生えますが、香りがあると、カビはなかなか生えません。

フィトンチッドは、このように、カビや細菌を殺したり、繁殖を抑えたりします。それだけでなく、もっと強く、植物のタネの発芽を抑える効果も示します。密閉できる容器を二つ用意し、どちらにもレタスのタネとそれが発芽するように水を与えた小さなお皿を入れます。いっぽうの容器内には、クスノキの葉っぱをすりつぶしたものを入れたお皿を置きます。その後、二つの容器を密封し、光の当たる温かい場所に置いてください。

香りがない容器の中のタネは、翌日には発芽し、成長をはじめます。ところが、クスノキの葉っぱをすりつぶしたものを置いた容器内のタネは、何日経っても発芽しません。クスノキの葉っぱの強い香りが、レタスのタネの発芽を抑えるのです。

クスノキの葉っぱは、防虫剤に使われる「ショウノウ（樟脳）」という強い香りを含んでいます。木についている葉っぱはほとんど香りませんが、虫がかじって傷をつけると、その香りが発散してきます。虫を追い払うための香りです。だから、実験のときには、すりつぶしたり、細かく切り刻んだりしておきます。

枯れ葉になっても親を守る〝すごさ〟

サクラの葉っぱがまだ緑色をしている初秋に、ある質問を受けました。「数日間、雨が降り続いたあとの雨あがりの日、サクラ並木を自転車で走っていました。すると、桜餅の香りがほのかに漂ってきたように思います。雨に濡《ぬ》れたサクラの葉っぱからは、桜餅の香りが漂うのでしょうか」というものでした。

桜餅の葉っぱからは、おいしそうな甘い香りが漂い、食欲をそそります。これは「クマリン」という物質の香りです。でも、サクラの木に茂っている緑の葉っぱをもぎ取って香りを嗅いでも、桜餅の葉っぱの香りはしません。

サクラは、葉っぱが虫にかじられて傷つけられたときに、あの香りを発散させて、自分の葉っぱを守るのです。あの香りは、私たちにはおいしそうな気持ちのいい香りなのですが、虫には嫌がらせの香りなのです。そのため、葉っぱをもみくちゃに丸めて傷だらけの状態にすると、虫にかじられたのと同じ状態になり、数分後にあの香りがほのかに漂ってきます。

傷がついていない緑の葉っぱには、クマリンができる前の物質が含まれています。この物質には、まだ香りはありません。葉っぱには、もう一つの物質が含まれています。それは、クマリンができる前の物質をクマリンに変えるはたらきがある物質です。

しかし、傷がつかずに生きている緑の葉っぱの中では、二つの物質は接触しないようになっています。だから、クマリンができることはなく、香りは発生しないのです。ところが、葉っぱが傷ついたり、葉っぱが死んだりすると、これらの二つの物質が出会って反応します。その結果、クマリンができて、香りが漂ってくるのです。

ですから、サクラの緑の葉っぱに数日間雨が当たっても、桜餅の香り、すなわち、クマリンの香りが漂うことはありません。では、質問のように、なぜ雨あがりのサクラ並木で、桜餅の香りがしたのでしょうか。

原因は、桜並木のサクラの木の根もと付近にたまっている、サクラの古い落ち葉です。古い落ち葉は死んでしまっているので、桜餅の香りがほのかにします。お天気が続いていると、落ち葉はカラカラに乾いて水気を含んでいません。そのため、香りはほとんどしません。数日間雨が降ると、たっぷりと水を吸った落ち葉から、桜餅の香りがかすかに漂ってきます。

これは、容易に確かめることができます。雨あがりの日、サクラの木の根もと付近にある、水気をたっぷりと含んだサクラの古い落ち葉を一枚、そっと拾い上げて、香りを嗅いでください。桜餅の香りがほのかに漂ってきます。

多くの植物の葉っぱは、秋に枯れ落ちます。そんな光景を見ると、さびしい気持ちになり、葉っぱの命のはかなさを感じます。しかし、葉っぱはもの悲しくさびしい気持ちで生涯を終えるのではありません。

親株のまわりに落ち、枯れ葉や落ち葉になっても、虫に食べられて糞になって土を肥やしたり、微生物に分解されて土に帰り、「腐葉土」の素材となります。腐葉土とは、文字通り、落ち葉が腐って肥やしとなる土です。落ち葉は、土に帰り、若葉が育つ糧になるのです。

サクラの枯れ葉や落ち葉は、それだけではないのです。親株の根もと付近に落ち、虫の嫌がる香りを放ち、親を守っているようです。腐葉土になるギリギリまで、香りを放っているのです。葉っぱの生き方の〝すごさ〟を感じずにはいられません。

第四章　食べつくされたくない！

（一）毒をもつ植物は、特別ではない！

有毒物質でからだを守る〝すごさ〟

「美しいものには、トゲがある」といわれますが、「美しいものには、毒がある」とはあまりいわれません。前者にはバラという象徴的な植物があるのに対し、後者には象徴的なものがないからでしょうか。そんなことはありません。「美しいものには、毒がある」という例はあります。いくつか紹介しましょう。

「花木の女王」とよばれる植物があります。ヒマラヤ山脈にある国家、ネパールでは、「国の花」に選ばれています。そのため、「ヒマラヤの花」ともいわれます。日本では、滋賀県

シャクナゲの花（撮影・田中修）

や福島県の「県の花」に定められています。その美しさには、バラの花のような派手さはありません。しかし、その上品な趣は、バラの美しさに匹敵します。

この植物は、家の庭や公園にごくふつうに見られるサツキツツジやヒラドツツジと同じ、ツツジ科ツツジ属の植物です。しかし、ふつうのツツジと違い、夏は涼しくて、適度の湿り気が保たれていて、水はけの良い場所にしか育ちません。こんな条件を満たす場所は、奥深い山の中です。そのため、そこで花咲くこの植物の姿は、「深窓の令嬢」と形容されます。人工的に、家の庭などで栽培するのはたいへんむず

トリカブトの花（提供・北海道立衛生研究所）

かしい植物です。

さて、この植物は、何でしょうか。シャクナゲです。この植物は、上品な趣をもっている花の色や姿からは、とても想像できませんが、「ロードトキシン」という有毒な物質を身につけています。山の奥深くで、虫や鳥などの動物や病原菌から、からだを守って生きるためです。

トリカブトが有毒な物質をもっていることは、ミステリー小説の殺人場面などにもしばしば登場することから、よく知られています。トリカブトには、いろいろな種類がありますが、学名を「アコニトゥム・キネンセ」という種は観賞用の「ハナトリカブト」で、種小名が「キネンセ（*chinense*）」であるとおりに中国原産のものです。いっぽう、ヤマトトリカブトの学名は、「アコニトゥム・ヤポニクム」で、種小名が

「ヤポニクム（*iaponicum*）」であるとおりに日本原産のものです。属名の「アコニトゥム」は、この植物が、古代ギリシャでは、「アコニトン」とよばれていたことにちなんでいます。「アコニトン」は、ギリシャ語の「楯《たて》」を意味する「アコス」に由来するといわれたり、「アコネ」という地名にちなむといわれたりしますが、正確な語源は不明です。

トリカブトの有毒物質は、「アコニチン」といいます。この名前は、属名の「アコニトゥム」にちなむ名前です。葉にはもちろんですが、花の蜜や花粉にもこの物質が含まれています。病原菌の感染や動物に食べられることから、からだを守るためです。

この植物は「毒をもつ」ということがよく知られているので、多くの人に「気持ち悪い植物」という印象をもたれます。そのため、「この植物が、どんな花を咲かせるのか」には、興味がもたれていません。

ところが、この植物は、きれいな青色の花を咲かせるのです。この花の姿は、想像上の鳥である「鳳凰《ほうおう》」の頭をかたどった冠である「鳥兜《とりかぶと》」に似ています。そのことが和名の由来です。英語名でも、「モンクスフード（修道士の頭巾《ずきん》）」といわれます。

群生している場所では、青々と花が咲いていて、とてもきれいなものです。ミツバチも寄ってきます。でも、毒があるために、養蜂《ようほう》業者は蜂蜜を集めるときには、この植物の花が咲いている場所や時期を避けています。

ベラドンナの花（写真・渡辺利彦／アフロ）

　この章の冒頭で、「『美しいものには、毒がある』とはあまりいわれません」と紹介しましたが、ときおり、ある植物を対象にして、いわれることがあります。それはベラドンナという薬用植物です。この名前は、イタリア語で「美しい女性」という意味です。

　この植物の学名は、「アトロパ・ベラドンナ」です。属名の「アトロパ」にちなむ「アトロピン」という有毒物質をもっています。有毒物質をもつ植物として、ミステリーにも登場します。「ベラドンナ」という名前は響きも美しいので、「色あざやかな美しい大きな花」が想像されます。では、実際はどんな花なのでしょうか。

この植物はナス科の植物で、花はナスの花とよく似ています。「美しいものには、トゲがある」といわれるバラのような派手さはありません。「美しいものには、毒がある」と紹介したシャクナゲの花のような大きさもありません。バラやシャクナゲの花と張り合うような美しさはありませんが、ナス科の植物に特有な上品な紫色の小さな花です。

「美しい女性」とよばれるのは、有毒物質「アトロピン」の作用に由来します。ルネサンスの時代にイタリアの女性は、この植物の汁を点眼していたのです。すると、アトロピンの作用によって、瞳《ひとみ》が開き、目がパッチリと美しく見えたのです。もちろん、アトロピンの毒性は知られていない時代でした。

美しい植物だけにトゲがあるわけではないように、美しい植物だけが毒をもっているわけではありません。多くの植物は、からだを守るために、病原菌や動物に有毒な物質をもっています。

ここから、いくつかの有毒物質をもっている植物を紹介します。これらの毒は人間にも有毒ですから、私たちも注意をしなければなりません。

身近にある〝すごい〟有毒植物

数年前、有毒物質をもつ、ある植物の葉っぱが世間の注目を集める騒ぎをおこしました。

ごく身近にある植物なので、驚かれた人が多いかもしれません。今でもその植物に気づいていない人もいるので、注意してください。

それは、アジサイの葉っぱです。この葉っぱは大きく、梅雨の雨に洗われて緑色の輝きを増すと、虫たちだけでなく私たちにもおいしそうに見えます。ところが、アジサイの小さく若い葉っぱにも、大きく成長した葉っぱにも、虫に食べられた跡がほとんど見られません。

この葉っぱは、虫に食べられるのを防ぐために、「青酸を含んだ物質」をもっているのです。青酸は、殺人に使われる「青酸カリ」に含まれるのと同じ物質で、虫や人間に有毒です。だから、多くの虫はこんな恐ろしい物質を含んだアジサイの葉っぱをかじりません。

ところが、この葉っぱが有毒物質をもつことは、私たち人間にはあまり知られていません。そのため、料理店などでも、季節感を演出するために料理に添えて出されることがあるのです。お客さんは料理皿の上に添えて出されれば、「食べてもよいもの」と思い、つい食べてしまいます。するど、食べたものをもどしたり、めまいなどの中毒症状が出て騒ぎになります。二〇〇八年には、少なくとも二件、アジサイの葉っぱが原因で、騒ぎがおこりました。

騒ぎとなった二件とは、大阪市と茨城県のつくば市の飲食店でおこったものでした。この葉っぱを食べたことが原因で食中毒事件が発生したのです。新聞やテレビでも報じられました。そして、アジサイが有毒な物質をもつことや、その葉っぱを食べることの危険性が、世の中に広く知らしめられました。

その後、アジサイの葉っぱに青酸系の物質がどのくらい含まれているかが、専門の機関で調べられました。その結果、茨城県では、アジサイの葉っぱから青酸系の物質は検出されませんでした。また、大阪市でも、「アジサイの葉に含まれる青酸系の物質は微量であり、それが原因で嘔吐《おうと》やめまいなどの食中毒症状がおこるとは考えられない」と発表されました。

この発表は、意外でした。長い間、「アジサイの葉っぱは、青酸系の有毒な物質をもつ」と語り伝えられてきました。実際に、アジサイのおいしそうなきれいな葉っぱは、虫に食べられません。そして、その葉っぱを食べた人に嘔吐やめまいなどの中毒症状がおこっているのです。ですから、アジサイの葉っぱを食べたことによる中毒症状はたしかです。

報道された二件がアジサイの葉っぱが原因でないとは考えられません。しかし、アジサイの葉っぱが原因なら、なぜ青酸系の物質は検出されないのでしょう。古くから「アジサイの葉っぱは、青酸を含んだ物質をもつ」と語り伝えられてきたのに、ふしぎです。

ひょっとすると、「アジサイの葉っぱには、青酸系とは別の毒物が含まれているのか」と、ふしぎは増します。もしそうなら「その有毒物質の正体は、何なのか」と、「アジサイのふしぎ」はますます深まります。最近、青酸を含む新しい物質が発見されたとの話があり、この物質が中毒の原因であるかどうかの検討が続けられています。真相の究明が待たれます。

アジサイのほかにも有毒な物質をもつ植物はいろいろあります。ごく身近な植物で有毒な物質を含んでいる植物は、キョウチクトウです。葉っぱの形がタケの葉っぱに似ており、ピンク色の花がモモの花に似ています。そのため、「二つを併せもつ」という意味がある「夾」という字をつけて、キョウチクトウ（夾竹桃）と名づけられています。

この木は、挿し木で容易に増やせることや排気ガスに強いこともあって、街の中で庭木や街路樹として広く植えられ、夏の間、真っ白やピンク色の花を咲かせます。兵庫県の尼崎《あまがさき》市や鹿児島市、千葉市や広島市で「市の花」と定められています。

しかし、この植物は、葉っぱや枝に恐ろしく有毒な物質をもっているのです。「オレアンドリン」という名前の物質です。この名前は、この植物の英語名の「オレアンダー」にちなむ名前です。この有毒物質のおかげで、この植物の葉っぱは、虫にほとんど食べられません。

フランスで、バーベキューの串《くし》にこの植物の枝を使ったために、数名が亡くなるという事件がおこっています。日本でも、「明治時代のはじめ、西南戦争で官軍の兵士がこの植物の枝をお箸《はし》に使って中毒した」という話があります。

アジサイやキョウチクトウだけでなく、私たちのごく身近にある植物が有毒な物質をもっています。自分たちのからだが食べつくされないように、からだを守っている植物たちは多くいるのです。

オモトはユリ科の植物で、一年中、葉っぱが青々としています。そのため、「万年青」という字が名前に当てられます。長さ三〇〜四〇センチメートルくらいの葉が、株の中心から四方八方に広がり、初夏には、株の中心から太く短い花茎が出て、小さい花が多く咲きます。秋には、球形の赤い実をつけるのが印象的な植物です。

この植物の学名は、「ロデア・ヤポニカ」です。「ヤポニカ」は日本を意味するので、日本に自生する植物であることが示されています。根と茎に、この植物の属名「ロデア」にちなんで名づけられた「ロデキシン」という有毒物質が含まれています。

コアラが食べるので有名なユーカリの葉っぱには、殺人や自殺に使われる「青酸」が含まれています。しかし、コアラはユーカリの葉っぱを食べます。コアラは、ユーカリの葉っぱを食べても、青酸を無毒にするしくみをもっているからです。

コアラ自身には、この毒を無毒化する力はありません。でも、腸の中に青酸を無毒にする細菌を住まわせています。しかし、生まれたばかりのコアラの腸内には、この細菌はいません。そのため、子どもが生まれると、「食い初め《くぞ》」に、親は自分の糞を食べさせます。

親の糞の中には、青酸を無毒化する能力をもった腸内細菌が混じっています。生まれたばかりのコアラは、食い初めで親の糞を食べるだけでなく、親の肛門《こうもん》のあたりをはげしくなめます。こうすることで、自分の腸に青酸を無毒化する細菌を住まわせ、子どもはユーカリを食べられるようになります。

コアラは、このようなしくみを身につけ、親から子どもへ、この大切な腸内細菌を伝えています。そのおかげで、他の動物が食べない有毒なユーカリの葉っぱを、ほぼ独占的に食べて生きていけるのです。

ヨウシュヤマゴボウという植物があります。北アメリカ原産のヤマゴボウ科の帰化植物で、赤紫色の太い茎が直立するのが印象的です。背丈は一メートルくらいになります。秋に、濃い赤紫色の球形の果実がブドウのように実り、垂れ下がります。この果実の中に、有毒物質である「フィトラカトキシン」などが含まれています。ヨウシュヤマゴボウの属名は、「フィトラカ」で、有毒物質の名前は、この属名にちなみます。

ナンテンという植物があり、学名は「ナンディナ・ドメスチカ」です。この植物の葉っぱは、お祝い事に用いる赤飯などに添えられ、赤飯の赤に葉の緑という彩りのよさの効果があります。そして、「ナンテン」という名前から「難を転じる」という縁起がかつがれているのです。

この葉っぱは、赤飯に置かれているだけでは人間にまったく害はありませんが、「防腐効果も期待されている」といわれます。防腐効果をもたらす成分は「ナンジニン」で、この名前は、属名の「ナンディナ」にちなんでいます。

ナンテンは、冬に真っ赤な実をつけます。この実を乾燥させたものには、咳止《せきど》めの作用がある物質が含まれています。そのため、その物質を含むものが「のど飴《あめ》」として市販されています。その成分は「ドメスチン」で、この名前は、学名の種小名「ドメスチカ」にちなんでいます。

ここまで、多くの植物が、病原菌や、虫や鳥などの動物たちに対して有害な物質をつくって、からだを守っていることを紹介してきました。しかも、ここで紹介した植物は、数種類を除いて、私たちの身近にいる植物たちです。身近にいる多くの植物が、有毒物質を身につけることによって、病原菌の侵入を防ぎ、虫や鳥などの動物たちに食べられることから逃れて、生き抜いているのです。

そのときに使われる有毒な物質は、それぞれの植物が工夫をしてつくり出したものでしょう。それらの物質の名前は、その植物の属名や英語名などの呼び名に由来してつけられています。つまり、それぞれ構造が異なっているのです。多くの植物が、独特の有毒物質をつくり出して、からだを守っているのです。それぞれの植物が自分独自の化学物質をつくり出す「化学者」なのです。

有毒物質で食害を逃れる〝すごさ〟

植物たちは、有毒物質を身につけていれば、動物に食べられる食害から逃れられるでしょう。このことは、理屈の上では、よく理解できます。しかし、「実際に、自然の中で、そんな現象が見られるのだろうか」という疑問があります。

その疑問に答える二つの例を紹介します。一つは、奈良公園で知られているものです。奈良公園にいるシカは、放し飼いにされていて、公園内の草や木の葉っぱを自由に食べます。第一章で奈良公園のシカがトゲの少ないイラクサを食べるために、トゲの多いイラクサだけが生き残っていることを紹介しました。しかし、シカに食べられないように工夫している植物はそれだけではありません。じつは、「奈良公園には、アセビが多い」といわれます。

アセビは、庭木として植栽されることが多い植物です。春早くに、白色やピンク色の花を房のような状態で咲かせるツツジ科の植物です。漢字では、「馬酔木」と書かれるように、「ウマがこの植物の葉っぱを食べると酔ったようになる」といわれます。

「酔う」という字が使われるので、お酒の好きな人は、「ウマが気持ちよくなっている」とうらやましく思われるかもしれません。しかし、そうではありません。「毒にしびれた状態になっている」というのが適切な表現です。

この植物は、「アシビ」とよばれることもあります。「この『シビ』は、『しびれる』状態を強調している」といわれます。アセビには、「アセボトキシン」や「グラヤノトキシン」

とよばれる有毒物質が含まれており、決してウマだけに有害なものではありません。だから、奈良公園のシカも食べず、その結果、公園内にはアセビが多く育っているのです。

　有毒物質で食害から身を守っているもう一つの現象が、奈良県御《み》杖《つえ》村の「三《み》峰山《うねやま》」で、知られています。ここの草原には、かつて、リンドウやオミナエシなど、いろいろな植物が生育していました。しかし、近年は、「トリカブト」の仲間、「カワチブシ」がほかの植物にかわって繁殖しています。

カワチブシの花（撮影・いがりまさし）

　カワチブシは、「河内附子」と書かれます。「河内」は、この植物の自生地の大阪府の地名で、「附子」は、トリカブトの根を乾燥した生薬《しょうやく》の名前です。この名前が使われるように、この植物は、トリカブトと同じキンポウゲ科の植物で、美しい花を咲かせ、トリカブトと同じ猛毒の「アコニチン」を含んでいます。

この山には、野生のニホンジカが生息しており、草を食べています。カワチブシは、猛毒をもつため、ニホンジカに食べられることから逃れています。そのため、はかの草が食べられたあとに、カワチブシが繁殖していると考えられています。

このように、実際に、自然の中で、植物たちは有毒物質でからだを守っているのです。これらの二つの例は、それがきわだった現象ですが、多くの植物が、虫や鳥などの動物たちに対して有害な物質をつくって、からだを守っています。

毒をもって共存してきた〝すごさ〟

身近にいる多くの植物が、病原菌や、虫や鳥などの動物たちに対して有害な物質をつくって、からだを守っています。身近な植物たちが有毒な物質をもっていることを知ると、「それは、特別な植物だろう」と思う人が多く、また、「そんな植物は、気持ち悪い」という人もいます。

しかし、自然の中で、植物たちは、虫に食べられることから自分のからだを守り、病原菌を感染させないために、有毒な物質をもっているのです。植物たちも、「病気にならず、元気に、健康に生きたい」と思っているのです。

そのため、有毒物質をもつことが知られているかいないか、それらの毒性が強いか弱いかは別にして、多くの植物が有毒物質をもっています。ですから、「ほんとうに、身近な植物が有毒な物質をもっているのか」と疑問に思っても、そのあたりの植物の葉っぱを食べて、自分のからだで確かめないでください。もどしたり、下痢したりするはずです。

「有毒な物質をもっているから、気持ち悪い」などと思わず、「植物は、自分のからだを守るために有毒な物質をもっている」という植物たちの生き方を理解した上で、私たちは、植物たちと共存、共生をしていかなければなりません。昔から、そのようにして、私たちの先人は植物たちと暮らしてきました。

たとえば、ヒガンバナを考えてください。ヒガンバナは、古くから、「毒をもつ植物」や「墓地に花咲く植物」として、あまり良いイメージをもたれていません。ヒガンバナの球根には、「リコリン」という物質が含まれています。ヒガンバナの学名は「リコリス・ラジアータ」です。このリコリンという物質名は、ヒガンバナの属名の「リコリス」にちなんでいます。かわいらしい響きのある名前ですが、この物質はよく知られているように有毒です。

リコリスは、ギリシャ神話に登場する美しい海の女神「リコリス」や、ローマ時代の女優の名前に由来するといわれます。種小名の「ラジアータ」は、「放射状の」という意味で、咲いた花の広がりの様子を表しています。

いっぽう、この植物は、墓地や田や畑の畦《あぜ》に育ってきました。「ヒガンバナは、勝手に生えている」と思われがちですが、そうではありません。ヒガンバナは、タネをつくらず、球根で増えます。だから、球根が転がる以外に、生育地を変えることはありません。

しかし、球根が墓地や田や畑の畦にうまく転がっていくことはありません。偶然にお墓や田や畑の畦に運ばれる土に球根が混じっていることがないわけではないでしょうが、そんなことは稀《まれ》でしょう。人間がお墓のそばや田や畑の畦に植える以外にないのです。ヒガンバナの球根が有毒な物質をもつことを知っていた先人たちに、植えられてきたのです。

お墓に植えられたのは、土葬だった時代、埋葬した遺体を食べに来るモグラやネズミを寄せつけないためでした。畦に多いのは、モグラやネズミが畦を壊すことを防ぐためでした。その

また、「ヒガンバナの球根は、水にさらして毒を抜けば、食べられる」といわれます。そのため、「田や畑で栽培する作物が不作の年、畦に植えておいたこの植物の球根で飢えをしのぐ救荒《きゅうこう》植物の役割があった」ともいわれます。球根には、多くのデンプンが含まれているからです。だから、毒さえ抜けば、空腹を満たす食べ物になります。

「なぜ、イネが不作の年に、飢餓を救うほど多く、ヒガンバナの球根がつくられるのか」という質問を受けたことがあります。この理由は、イネが成長しおコメをつくる時期と、ヒガンバナが球根をつくる時期が異なるからです。イネは、春から秋まで成長し、おコメをつく

ります。それに対し、ヒガンバナは、秋から春までの間に、葉を茂らせ球根をつくります。だから、イネが育つ夏がひどい気候の年でも、ヒガンバナには影響がないのです。

「飢えを救うほど、多くの球根がつくられるのか」という疑問があります。でも、ヒガンバナの花が咲くころ、その根もとを掘ってみてください。球根がゴロゴロとあります。花が一本咲いていれば、その下に花の咲かない球根が約二〇個あることも珍しくありません。ヒガンバナはまとまって花を咲かせています。五〇個咲いていれば、一〇〇〇個の球根が得られます。だから、飢えを救うのに十分に役立つのです。

私たちとヒガンバナとの昔からの長いつきあいは、人間と有毒な物質をもつ植物との共存、共生の典型的な例です。「二一世紀は、私たちと植物たちの共存、共生の時代」といわれます。私たちは、植物の生き方をよく理解して、植物との共存、共生のあり方を考えていかなければならないでしょう。

ヒガンバナと同じように多くのデンプンをもつので、食糧飢饉《ききん》の際に人間の生活とかかわってきた植物は、ソテツです。次項で紹介します。

地獄を生み出す〝すごさ〟

ソテツは、ソテツ科の植物で、沖縄や九州の南部に生育しますが、本州でも、庭や公園で栽培されることがあります。根に根粒菌《こんりゅうきん》を住まわせており、この菌はソテツから栄養をもらうかわりに、空気中の窒素を吸収して窒素肥料に変えてソテツに供給します。そのため、ソテツは痩《や》せた土地でも生育できます。

ソテツは夏に花を咲かせ、その後、タネをつくります。タネは成熟すると、朱色を帯びた卵形になります。このタネには、「サイカシン」という有毒物質が含まれています。食べると、嘔吐、めまいや呼吸困難などの症状の中毒をおこします。この物質の名前は、この植物の属名「サイカス」にちなんでいます。

ソテツのタネ（提供・農研機構動物衛生研究所）

この有毒物質は、「水にさらして、発酵させたり、乾燥させたり、火であぶったりすると、毒性が弱まる」といわれます。いっぽうで、ソテツのタネや幹には、食用になるデンプンが多く含まれています。そのため、飢饉のときには、飢えをしのぐために、毒性を弱くする調理をして、タネや幹が食べられました。だから、「救荒植物」の一つです。

救荒植物としてのソテツが有名になったのは、一九二〇年代の後半でした。ニューヨークの株価暴落に端を発した世界大恐慌が日本を襲いました。特に、この恐慌は、サトウキビを栽培し砂糖を生産していた沖縄を、砂糖価格の暴落によって直撃しました。

そのとき、沖縄の農家の人々には、食べるものがなくなりました。しかたなく、身近に育っていた野生のソテツのタネや幹を食べて、飢えをしのごうとしました。これらに毒が含まれていることはよく知られていましたが、多くのデンプンが含まれているので、毒さえ抜けば、空腹を満たす食糧となったのです。ソテツを食べざるをえなくなった状況だったのでしょう。

しかし、「毒を抜く知識に乏しかったり、毒抜きが不十分であったりして、毒性が十分に弱められずに食べられたために、その毒性の被害が多くあった」といわれます。家族全員が同じものを食べるのですから、「家族全員が中毒で亡くなり、一家が全滅した例もある」といわれます。そんな当時の沖縄の状況は、「ソテツ地獄」という語で表されました。

毒による「ソテツ地獄」の悲惨さは事実だったのですが、「その毒によって、実際に亡くなった人はいない」とか、「中毒になった人は多かったが、亡くなった人はごく少数であった」ともいわれます。当時の状況を想像すると、飢餓による死と、毒による死とを判別するのはむずかしいのでしょう。

（二）食べられる植物も、毒をもつ！

〝矜持〟を保つ〝すごさ〟

食べる習慣がある植物にも、有毒な物質を含むものがあります。これらの植物の食べ方は決まっていますから、食べるときには、そのルールに従わねばなりません。代表的なのが、ジャガイモ、ギンナン、モロヘイヤなどです。

ジャガイモでは、「芽をきちんと取り除いて食べなければいけない」といわれます。芽には「ソラニン」という有毒な物質が含まれるからです。ただ、この物質が含まれるのは、芽の部分だけではありません。

市販されているジャガイモには、表面が緑色のものはありません。でも、家庭菜園などで栽培すると表皮が部分的に緑色になったジャガイモができることがあります。このジャガイモは、要注意です。この緑色の部分にソラニンが含まれているからです。だから、食べるときには、緑色の部分をきちんと取り除かねばなりません。

小学校の野菜畑で栽培されて収穫された、表面が緑色がかったジャガイモを食べて、児童が中毒をおこした例があります。少しぐらい表面が緑色になっていても「もったいない」と思われ、調理されたのでしょう。芽や表皮の緑色の部分に含まれる有毒物質であるソラニンは、「煮ても焼いても、その毒性は消えない」といわれます。

ギンナンにも、「ギンゴトキシン」という有毒な物質が含まれています。ギンナンは、秋の味覚としてよく食べられます。ただ、子どもが食べすぎないように、「子どもには、年齢の数以上の個数を食べさせてはいけない」といわれます。

しかし、個人差があり、「六歳だからといって、五個は食べても大丈夫」というものではありません。大人には解毒する能力があるのですが、「大人でも一度に二〇個以上は食べないように」といわれます。

中毒の例は、多く報告されています。中毒症状を示した多くは一〇歳に満たない子どもたちですが、大人でも大量に摂食した場合には、中毒がおこっています。大人の場合の大量というのは、四〇個とか、六〇個などです。でも、個人差がありますから、大人でも食べすぎには注意しなければならないでしょう。

モロヘイヤは、シナノキ科の植物で、エジプトあたりが原産地です。昔、エジプトの王様が原因不明の病気になったのですが、「この野菜で治った」と言い伝えられています。そのため、モロヘイヤは、「王様の野菜」とよばれました。

日本では、二〇世紀末から栽培されはじめた、新しい野菜です。ビタミンやカルシウムの含有量が、ホウレンソウやコマツナをしのいでいます。近年では、栄養がたっぷりであることが評価され、「野菜の王様」といわれています。

この植物の葉っぱを切り刻むと、ぬめりが出てきます。この成分は、先に触れた「ムチン」という物質で、私たちの栄養になります。だから、「健康によい野菜」として人気があります。ところが、一九九六年一〇月、長崎県で、この植物の実のついた枝を食べた五頭のウシのうち、三頭が死にました。

そのあと、このタネには、「ストロフェチジン」という有毒物質が含まれていることがよく知られるようになりました。八百屋さんやスーパーマーケットで売られている葉っぱは、まったく安全です。でも、家庭菜園でこの植物を栽培する場合には、葉っぱ以外の花やタネを食べてはいけません。

シロインゲンマメは、何年か前、ダイエットに利用できることが、あるテレビ番組で紹介されました。その番組を見て、そのダイエット法を実践した多くの視聴者から、「もどしたり、下痢をしたりした」との苦情がテレビ局に殺到しました。

シロインゲンマメには、「レクチン」という物質が含まれており、十分に加熱しないと、嘔吐や下痢の原因になります。番組では、「十分に加熱してから、食べるように」ということが視聴者によく伝えられなかったのです。

ここで紹介した植物は、私たち人間に栽培されています。だから、自分のからだを守るための有毒物質は必要ありません。それでも有毒物質を身につけているのは、自然の中を自分でからだを守りながら生き抜いてきたなごりをとどめているからです。栽培植物化されたからといって、自分たちの生き方を完全に捨てているわけではないのです。これらは、〝矜持《きょうじ》を保つ植物たち〟といえるでしょう。

〝擬態〟でからだを守る植物たち

動物には、他の動物に捕食されることからからだを守るために、まわりの植物の葉や枝とそっくりの色や姿をするものがいます。〝擬態〟といいます。たとえば、色や形が木の枝にそっくりなシャクトリムシ、羽の模様が枯れ葉に似ているコノハチョウなどは、じっとしていれば小鳥などに襲われることがありません。また、エチゴウサギやライチョウなどは、冬に体色を真っ白にして雪の中で目立たないようにします。

植物にも、これと似た生き方をするものがいます。まずい味や有毒物質をもっている植物に、自分のからだを似せるのです。たとえば、私たちが食べる植物にも、姿や形が、有毒な物質をもっている植物とよく似たものがあります。私たちの場合は、有毒物質をもっている植物のほうを間違って食べてしまうのです。食べるためには、きちんと見分けをつけて採取しなければなりません。しばしば間違われる代表的な組み合わせは、ニラとスイセン、フキノトウとフクジュソウ、ヨモギとトリカブトなどです。

二〇一一年一二月初め、徳島県の小学校の調理実習で、集団食中毒事件が発生しました。ニラと間違って、スイセンの葉がギョウザの具に入れられたのです。これを食べた児童が、吐き気や嘔吐などの中毒症状をおこしました。

スイセン（撮影・平田礼生）

スイセンは、ヒガンバナの仲間なので、ヒガンバナと同じ「リコリン」という有毒な物質を含んでいます。いっぽう、ニラはユリ科の野菜であり、春の葉っぱはやわらかくておいしいです。

ニラには「臭い」と表現される独特の香りがあり、スイセンにはその香りがありません。だから、「ニラと間違ってスイセンを食べることはないだろう」と思われます。

ところが、スイセンの扁平《へんぺい》な細長い葉っぱがニラの葉っぱによく似ているのです。そのため、見かけだけでニラの葉っぱを採取しようとすると、間違ってスイセンの葉っぱをとって

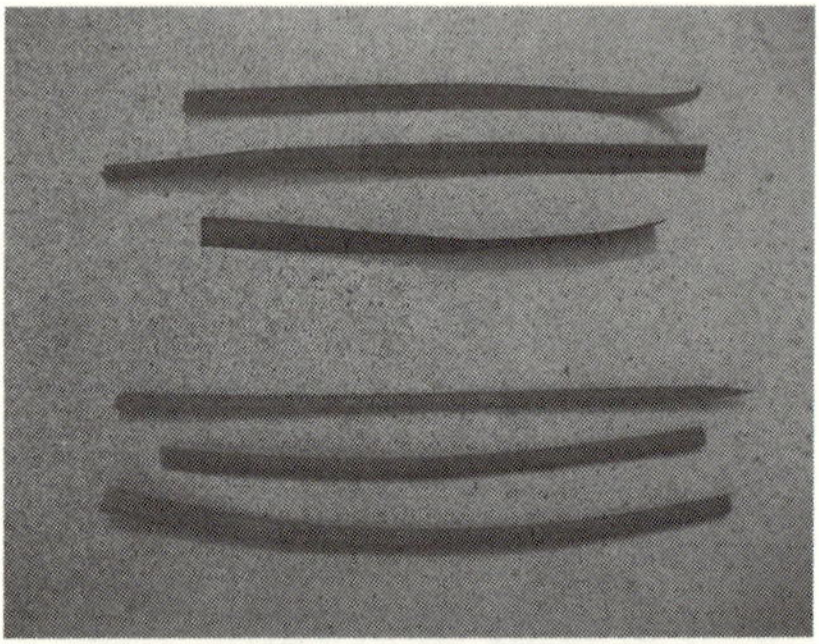

ニラの葉（上）とスイセンの葉　地上部の姿はよく似ています。そのため、葉の形で２つを識別するのはむずかしいのです（撮影・田中修）

ニラの根（左）とスイセンの球根　地下部の姿は明らかに違います。でも、ニラを採取するときは葉を切り取るだけなので、この違いは識別の役に立ちません（撮影・田中修）

しまうことがあるのです。また、ニラとスイセンが近くで栽培されていると、ニラを採取するときにスイセンが混じってしまうことが現実にあるのです。

実際に、毎年ニラと間違って採取されたスイセンの葉っぱが原因で、日本中で数件の食中毒事件がおこっています。ニラに混じったスイセンの葉っぱを酢味噌《すみそ》あえにして食べたり、てんぷらにして食べたりしたものです。

ノビルという野草があります。昔から、食べられる野草としてよく知られています。地上部は、酢味噌あえにして食べられます。球根も味噌をつけたり酢味噌あえにしたりして食べられるのですが、この球根がスイセンの球根と姿や形が似ています。そのため、スイセンの球根が間違われて採取され、食べられることがあります。注意しなければなりません。

有毒な物質を含むフクジュソウは、早春の新芽をフキノトウと間違えられます。芽を出したときの印象が似ているからです。フキノトウは食べられますが、フクジュソウには、「アドニン」などの有毒な物質が含まれています。

二〇〇七年の春、ある地方テレビ局の番組で、レポーターがフクジュソウの新芽をてんぷらにして食べる映像が流されました。視聴者からの批判や苦情が殺到したといわれました。番組の関係者が「フクジュソウには、有毒な物質が含まれる」ことを知らないためにおこったものでした。量が少なかったのか、幸いにも、食べたレポーターに何事もなかったといわ

チョウセンアサガオの花（撮影・小野順子）

れています。

ヨモギの葉っぱの色と形は、トリカブトの葉っぱの色と形に似ています。そのため、ヨモギの葉っぱと間違ってトリカブトの葉っぱを採取し、草餅をつくり、中毒症状に陥ったという事件がおこっています。春のヨモギ採りには、注意が必要です。トリカブトには、「アコニチン」という有毒な物質が含まれているからです。

二〇〇六年、福岡県で、ある植物の果実がオクラと間違えられて食べられ、中毒騒ぎがおこりました。二〇〇八年には、兵庫県や福島県で、同じ植物の根がゴボウと間違えられて食べられ、中毒騒ぎがおこりました。この植物は、チョウセンアサガオです。

この植物には、「アサガオ」という名前がついていますが、ほんとうのアサガオはヒルガオ科の植物です。花の形がロウト形なので、少しアサガオの花と似ているかもしれませんが、この植物はナス科の植物であり、二つの間に、植物学的には類縁関係はありません。

有毒物質の成分は、「アトロピン」や「スコポラミン」です。江戸時代後期の外科医、華岡青洲《はなおかせいしゅう》は、世界で最初の全身麻酔で、乳がんの手術に成功しました。この手術の際に用いた麻酔薬は、この植物の有毒物質「アトロピン」や「スコポラミン」を主成分としていました。

山地の湿った草地に生え、新芽を食べるハンゴンソウというキク科の山菜があります。二〇一一年の春に、岐阜県で、これと間違って有毒物質を含む植物が食べられる事件がおこりました。

間違って食べられたのは、ハシリドコロといわれる植物でした。ベラドンナやチョウセンアサガオと同じナス科の植物で、「アトロピン」を含んでいます。このときは、食べた人にめまいや意識障害などの中毒症状が出ました。

ジャスミンという、たいへんいい香りを放つ植物があります。これとよく似た香りを放つ植物に、北アメリカのカロライナ地方に産するカロライナジャスミンというのがあります。香りがよく似ているので、同じ「ジャスミン」という名前がついています。しかし、ジャスミンはモクセイ科に属し、カロライナジャスミンはマチン科の植物ですから、植物学的には、二つの植物に類縁関係はありません。

ジャスミンは、ジャスミンティーとして飲まれますが、カロライナジャスミンは、「ゲルセミン」などの有毒な物質を含んでおり、お茶として飲んではいけません。めまいや、呼吸が低下するという中毒症状がおこります。二〇〇六年には、群馬県で、この植物の花をお茶にして飲んだために、中毒事件がおこっています。

食べ方を戒める〝すごい〟果物

「おいしい果物も、身を守っている」のだということを、私が痛切に感じた経験があります。ある日、沖縄県の宮古島《みやこじま》産のマンゴーをもらいました。進物用の化粧箱に入れられて、傷がつかないように、発泡スチロールのフルーツネットにていねいに包まれていました。いかにも、高級果物のイメージでした。

切り方を説明したカードが入っており、それにしたがって、魚を三枚におろすように、マンゴーを縦に三切れに切りました。真ん中のぶあつい切り身には、平たい大きなタネが入ることになります。両側の二切れは、スプーンで食べてもいいし、サイコロ目に切り目を刻めば果物用フォークで食べられます。

深い黄色の果肉がほどほどに熟し、こくのある甘みの果汁が口に広がりました。ほんとうに「おいしい」の一言でした。さすが、「果物の王様」と人気を高めているのにふさわしい味でした。マンゴーは、「果物の王様」の名称をドリアンに譲ることがあります。そのときには、上品な味わいゆえに、自分は「果物の女王」になります。

食べやすい二切れはすぐになくなりましたが、ひと切れが残りました。このひと切れの中に、外からは見えませんが、大きなタネのあることが想像できました。しかし、タネのまわりは深い黄色の果肉です。少しスプーンで取って食べてみました。やっぱりおいしいです。タネは中央だけにあり、端にはまだまだ果肉があります。スプーンで取れるだけ取って食べました。

しかし、タネは果肉に包まれて、まだ見えません。やわらかい果肉がなくなり、スプーンが役に立たなくなりました。そこで、果肉を直接食べることにしました。スプーンを使わず、口でかぶりつきました。

子どものころ、スイカを皮の縁ギリギリまで食べたのと同じ食べ方でした。口のまわりに、果汁がいっぱいつきました。「大人として、人にはちょっと見せられないようないやしい食べ方かもしれない」と思いました。

次の日の朝、目が覚めると、唇の上あたりの皮膚がカサカサしているように感じました。鏡で見ると、唇のまわりが赤色になり、皮膚が荒れて、小さなツブツブがあるようでした。そこで、病院に診察を受けに行きました。

虫めがねで患部を見たお医者さんが、「何か変わったものを食べましたか」と聞かれました。「何か変わったもの」について、何も思い当たりませんでした。「特に変わったものは食べていません」と答えつつ、「変わったものとは、どんなものですか」と聞きました。その次のお医者さんの言葉に驚きました。「マンゴーとかです」でした。マンゴーが変わったものとは思いもよりませんでした。

私の症状は、マンゴーの汁にかぶれた、「マンゴーかぶれ」でした。「すぐに治ります」とのことで、塗り薬をもらいました。あとで調べると、マンゴーは、ウルシ科の植物であり、「汁がつくとかぶれる」ことで知られるウルシの仲間です。

ウルシは、かぶれさせる成分「ウルシオール」をもっています。同じ仲間のマンゴーは、ウルシオールに似た「マンゴール」というかぶれさせる成分をもっているのです。実を食べようとする動物から、からだを守るためでしょう。だから、マンゴーの果汁が皮膚につくと、かぶれるのです。いやしい食べ方をした報いなのでしょう。

お医者さんは、「マンゴーの果汁にかぶれたんでしょう」といいつつ、そばですべてのやり取りを聞いていた看護師さんと目を合わせ、少しニヤッと笑ったように感じました。「人には見せられない、いやしい食べ方をしてしまった」という後悔の念が、そのように思わせただけかもしれません。

ひょっとすると、マンゴーのこのような毒性を知らずに食べて、受診する人が多いのかもしれません。二人で交わされた「ニャッ」は、「また、こんな人が来た」という二人の納得の合図だったのかもしれません。

マンゴーは、東南アジア原産の代表的なトロピカル・フルーツです。南国の太陽と大地が育《はぐく》む上品な甘み、特有の香り、魅力的な果肉の色などを備えた高級な果物です。それだけに、「果物の女王にふさわしい食べ方をしてほしい」という戒めを込めて、かぶれさせる物質を果肉に秘めているのかもしれません。

第五章　やさしくない太陽に抗して、生きる

（一）太陽の光は、植物にとって有害！

紫外線と闘う植物たちの〝すごさ〟

三〇数億年前に、太陽の光を利用して光合成をする植物の祖先が海に生まれました。それから、約三〇億年間、植物の祖先たちは、陸に降り注ぐまぶしく明るい太陽の光を、海の中で暮らしながら眺めていました。

海の中では、海水にさまたげられて、陸上のように強い光は当たりません。そのため、海の中で、植物の祖先たちは、明るく輝く太陽を見て、陸上にある多くの光を利用することを望んでいたでしょう。「もし、陸上へあがれたら、太陽の強い光を浴びて、多くの光合成が

できるだろう」と、うらめしく思っていたはずです。

多くの光合成ができれば、その産物を利用して、旺盛に成長し、繁殖力も大きく、多くの子孫を残すことができます。種族として繁栄できます。だから、植物の祖先たちは、陸に上がり、豊富な太陽の光を利用する生活にあこがれていたはずです。

今から約四億年前に、とうとう植物の祖先たちは、海から上陸しました。太陽にあこがれ、種族の繁栄を願う、希望に満ちた上陸でした。ところが、陸上での生活をはじめると、あこがれていた太陽は、植物たちにやさしくなかったのです。

まぶしく明るい太陽の光は、上陸した植物たちにとって、強すぎたのです。また、海の中では気づかなかったのですが、太陽の光には、光合成に役に立つ光以外に、有害な紫外線が多く含まれていました。海の中では、水が紫外線を吸収してくれていたのです。

現在、私たちは、紫外線が有害であり、シミやシワ、白内障の原因になることを知っています。もっとひどい場合には、「皮膚ガンをひきおこす」と心配します。また、肌を老化させます。紫外線が肌の老化をもたらすことは、容易に確認できます。

たとえば、お風呂に入ったら、紫外線が当たる腕や顔の肌と、紫外線が当たらない下腹部あたりの肌のツヤを見比べてください。おなかが「ブヨブヨ」になっていても、それはツヤとは関係ありません。ぐっと引き伸ばして肌のツヤを見てください。

紫外線が当たる腕や顔の肌は、シミやシワがあり、若さを失っています。それに対し、紫外線が当たらないお腹《なか》の肌は、子どものころや若いころと同じくらい、みずみずしく若々しいツヤをしています。

紫外線にはこのような害があるので、私たちは、帽子をかぶったり、日傘を差したり、サングラスをかけたりして、紫外線を避けます。ところが、植物たちは、太陽の紫外線がガンガンと降り注ぐ中で暮らしています。特に夏には、灼熱《しゃくねつ》の炎天のもとで強い紫外線に当たっています。そんな中で、植物たちは、日焼けもせずにすくすく成長し、美しくきれいな花を咲かせ、実やタネをつくります。

そんな植物たちの姿を見ていると、「紫外線は、人間には有害であるけれども、植物たちにはやさしいのではないか」とついつい思ってしまいます。しかし、それは私たち人間のひがみです。紫外線は、私たち人間にも植物たちにも、同じように有害なのです。

「なぜ、紫外線は有害なのか」と、考えてください。紫外線は、植物であろうと人間であろうと、からだに当たると、「活性酸素」という物質を発生させるのです。「活性酸素」という語から、どんなものが想像されるでしょうか。

私たちは、酸素を吸って生きています。酸素は、私たちの命を守り、健康を維持していくために、かけがえのない大切な物質です。ただの「酸素」ですら、そんなに大切なはたらきをするのですから、「活性な酸素」と考えると、もっとすばらしいはたらきをするような気がします。

ところが、活性酸素は、「老化を急速に進める」、「成人病、ガンの引き金になる」、「病気全体の九〇パーセントの原因である」などといわれます。活性酸素とは、からだの老化を促し、多くの病気の原因となる、きわめて有毒な物質なのです。

近年、「アンチエイジング」という語がよく使われます。「アンチ」は「反対」「対抗」を意味する語であり、「エイジング」は「歳《とし》をとること」です。しかし、歳をとることは止めることはできません。だから、アンチエイジングは、「歳をとることにともなう老化を遅らせる」ということです。

活性酸素は、多くの病気の原因となり、からだの老化を促します。そのため、アンチエイジングにおいては、活性酸素をいかに発生させず、また、発生したものをどのように減らすかが、大きい課題となります。

そんな有害な活性酸素の代表は、「スーパーオキシド」と「過酸化水素」とよばれる物質です。二つとも、それらの姿を、直接、目で見ることはできません。しかし、それらの有毒な性質を目にすることはできます。

「パラコート」という、強力な除草剤があります。濃度のかなり薄い液であっても、植物の葉っぱに噴霧すれば、植物は枯れます。このパラコートの「植物を枯らす」という強力な効果は、この農薬がスーパーオキシドという「活性酸素」を発生させるからです。ですから、植物を枯らすのは、スーパーオキシドという活性酸素の毒性なのです。

パラコートは、植物だけでなく、人間にも有害です。ごく微量でも飲んでしまえば、呼吸困難に陥り、命は失われます。そのため、この農薬は殺人に使われたりして、過去に何度か、その名がマスコミに登場しています。

スーパーオキシドとともに代表的な活性酸素が、過酸化水素です。「オキシドール（商品名オキシフル）」という消毒液があります。けがをしたとき、消毒のために、傷口にこの液をかけます。傷口の細菌は死に、傷口が消毒されます。

オキシドールには、過酸化水素がわずか三パーセント含まれています。オキシドールの殺菌力は、活性酸素である過酸化水素のはたらきなのです。こんなに薄められた状態の液でも、細菌を殺す毒性があるのです。

このように、活性酸素は、植物たちを枯らし細菌を殺します。植物や細菌だけでなく、人間の命を絶つ毒性もあります。「活性酸素」の姿を直接見ることはできないのですが、ひどく有害な物質であることはわかります。

紫外線がからだに当たれば、こんな有害な活性酸素がからだに発生するのです。そのため、自然の中で、植物たちが紫外線に当たりながら生きていくためには、からだの中で発生する「活性酸素」を消去しなければなりません。そのためには、活性酸素の害を消すものが必要です。それが、「抗酸化物質」とよばれるものです。

この言葉は、健康食品のカタログによく出てきます。活性酸素が私たちの健康によくないのですから、その害を消してくれる抗酸化物質は健康にいいのです。だから、抗酸化物質を含むものが健康食品のカタログに掲載されるのです。

抗酸化物質の代表は、ビタミンCとビタミンEです。私たちは、ビタミンCやビタミンEを栄養として摂取する大切さをよく知っています。そして、それらが植物たちのからだに含まれていることを認識しており、それらを含んだ野菜や果物を積極的に食べます。

しかし、「なぜ、植物たちのからだの中に、ビタミンCやビタミンEが多く含まれているのか」と考えることは、あまりありません。これらの物質は、植物たちにとって、紫外線に当たることによって発生する活性酸素の害を防ぐために必要なのです。植物たちは、自分のからだに当たる紫外線の害を消すために、これらのビタミンをつくっているのです。

「活性酸素対策のためだけに、つくっているのか」と問われると、「そのためだけです」というわけではありません。ビタミンは、植物が円滑に成長していくためのさまざまな役割を担って、からだの中ではたらいています。しかし、そんなはたらきの中で、活性酸素を消し去るというはたらきは、もっとも大切なものの一つなのです。

活性酸素は、紫外線が当たったときにだけ、植物のからだに発生するものではありません。太陽の強い光の下で、紫外線とは関係なく発生するのです。次項で、その事情をくわしく紹介します。

まぶしい太陽の光と闘う〝すごさ〟

植物が太陽の光を利用して光合成をしていることは、よく知られています。そして、太陽の光が足りない、日陰のような場所では、植物の成長が悪くなることもよく認識されています。そのため、よく晴れた日の昼間、葉っぱにまぶしい太陽の光が当たっていると、「葉っぱは、さぞ喜んで、多くの光合成をしているだろう」と思われます。

ところが、昼間のまぶしい太陽の光が当たっている葉っぱは、じつは困っているのです。太陽の光は強すぎるので、葉っぱは太陽の強い光を十分に使いこなせないのです。植物にとって、昼間のまぶしいほどの日差しを十分に利用して多くの光合成をするためには、材料となる二酸化炭素が不足しているのです。

二酸化炭素は、空気の中に含まれています。空気は、いっぱいあります。しかも、近年、「大気中の二酸化炭素の濃度が上昇している」といわれます。だから、二酸化炭素が不足することなどないように思われます。ところが、植物にとっては、二酸化炭素が不足しているのです。

空気中の約八〇パーセントは窒素であり、約二〇パーセントが酸素です。それに対し、二酸化炭素は、空気中に、わずか〇・〇三五パーセントほどしか含まれていません。「大気中の二酸化炭素の濃度が上昇している」といっても、〇・〇四パーセント以下なのです。

この濃度は、一リットルのペットボトルの水の中に、一〇滴だけを垂らした目薬の濃度とほぼ同じです。空気中の二酸化炭素の濃度は、こんなに薄いために、植物たちは、多くの二酸化炭素を取り込めません。そのため、光がどんなに強くても、葉っぱはそのすべての光を使いこなすことができないのです。

晴天の日、昼間のまぶしい太陽の光の強さは約一〇万ルクスと表されます。電気スタンドで机の上を照らすとだいたい五〇〇ルクスといいますから、日中の太陽はその二〇〇倍もの明るさです。ところが、多くの植物たちが光合成で使いこなせる太陽の光は、二・五万〜三万ルクスです。つまり、多くの植物の葉っぱは、昼間のまぶしい太陽光の三分の一以下くらいの強さを使いこなせるに過ぎないのです。

「多くの植物たちは、太陽光の約三分の一以下の強さの光しか、光合成に使いこなせない」といって、それですむわけではありません。葉っぱが使えない光も、容赦なく、葉っぱに照りつけてきます。植物たちにとって迷惑であろうとなかろうと、太陽の光は葉っぱに照りつけてくるのです。

葉っぱに当たる光は、葉っぱに吸収されます。二酸化炭素が十分にあれば、吸収された光のエネルギーを使って、葉っぱでブドウ糖やデンプンをつくる光合成という反応が進みます。だから、エネルギーはたまりません。

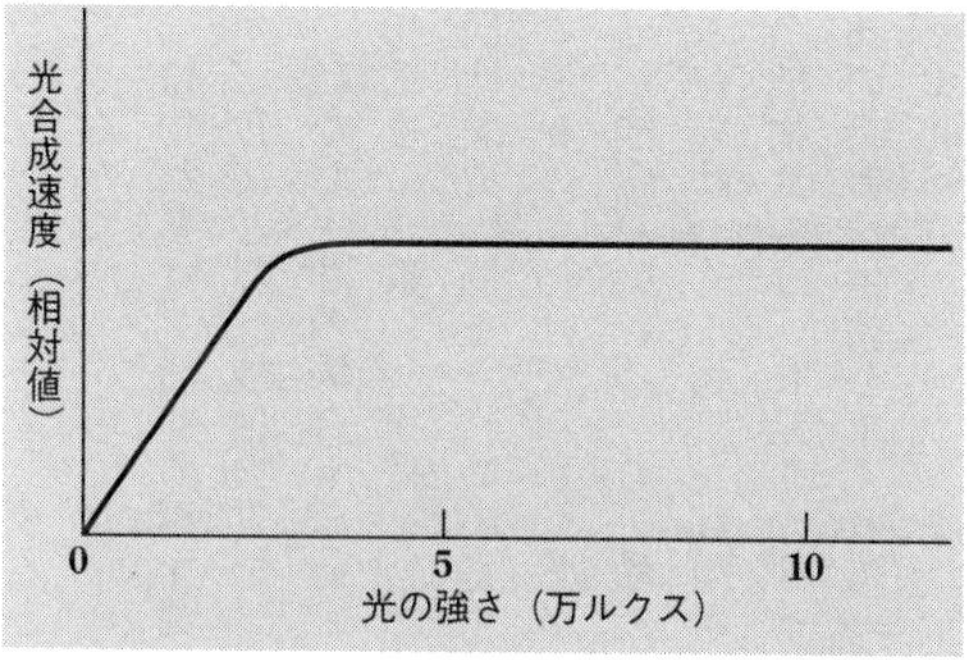

光合成曲線　強い太陽光が当たっても、植物はそのすべてを光合成に利用することはできません

ところが、二酸化炭素が不足していると、二酸化炭素を使ってブドウ糖やデンプンをつくる反応が進みません。そのため、葉っぱに当たった光で発生するエネルギーは、消費されずに、植物たちのからだにたまります。

たまったエネルギーは、はたらく場がなく、行き場を失い、活性酸素という害をもたらす物質をつくり出すのです。多くの植物が、「太陽光の約三分の一以下の強さの光しか光合成に使いこなせない」と弱音を吐いても、そんなことにかかわりなく、太陽の強い光は容赦なく当たります。すると、有害な活性酸素が、植物たちのからだの中にどんどん生まれてくるのです。

植物たちは、活性酸素を消去しなければ、生きていけません。そこで、ビタミンCやビタミンEなどの抗酸化物質をつくり出し、活性酸素の害を消すというしくみを発達させました。私たち人間の場合も、有害な活性酸素は、紫外線に当たったときだけに発生するのではありません。激しい呼吸をしているときにも、多くの活性酸素が発生します。だから、多くの活性酸素に悩まされています。

そういうわけで、私たちがビタミンCやビタミンEを多くもつ野菜や果物を摂取することは、健康にいいのです。私たち人間は、植物たちが太陽の強い光や紫外線から、からだを守るためにつくる物質を利用させてもらっているのです。

植物たちは、私たちのすべての食糧を賄ってくれているだけでなく、健康に生きていくための物質を供給してくれています。植物たちの〝すごい〟はたらきぶりに感謝しなければなりません。

(二) なぜ、花々は美しく装うのか

花の色素は、防御物質

多くの花々は、美しくきれいな色をしています。「花は、なぜ、美しくきれいな色をしているのか」と、考えてください。一つは、ハチやチョウに、「ここに花が咲いているよ」と知ってもらうために、目立ちたいからです。目立つ色でハチやチョウなどの昆虫を誘い、寄ってきてもらって、花粉を運んでもらい、子孫（タネ）をつくるためです。

しかし、花々が美しくきれいに装う理由は、それだけではありません。大切な理由がもう一つあります。それは、植物たちの紫外線対策です。昔は、子どもたちは、「日光浴」といって、太陽の光に当たる「日向《ひなた》ぼっこ」をしていました。その当時、子どもの日光浴が推奨されていたのです。

ところが、近年、私たちは、太陽の光に含まれる紫外線が有害なことをよく知っています。ある調査では、「母親の九〇パーセント以上が、紫外線が有害であることを知っている」という結果が得られています。紫外線が有害であることは、国のレベルでも認められており、母子手帳でも、一九九八年から、日光浴を推奨する記述は消えました。

いっぽう、植物たちは太陽の紫外線が降り注ぐ中で成長し、花は子孫をつくります。有害な紫外線が当たる中で、花は健全な子孫をつくらねばなりません。生まれてくる植物の子どもたちにも紫外線は有害です。

花は、紫外線が当たって生み出される有害な活性酸素を消去しなければなりません。次の世代に健全な命をつなぐために、生まれてくるタネを守らねばなりません。そのためには、活性酸素を消し去る抗酸化物質が大量に必要です。さきに紹介したビタミンCやビタミンE以外にも、植物がつくる代表的な抗酸化物質があります。

それは、アントシアニンとカロテンです。これらは、花びらの色を出すもと（素）になる物質なので、「色素」とよばれます。アントシアニンとカロテンというのは、花びらを美しくきれいに装う二大色素です。植物たちは、これらの色素で、花を装い、花の中で生まれてくる子どもを守っているのです。二大色素は、紫外線の害に対する二大防御物質なのです。

植物たちは、ずっと昔から、紫外線が有害であることを知っていたのです。「日向ぼっこ」といって、小さな子どもたちを日光浴させていた私たち人間を笑っていたでしょう。いや、「大丈夫だろうか」と、心配していてくれたに違いありません。

アントシアニンという色素は、ポリフェノールという物質の一種で、赤い色や青い色の花に含まれます。バラ、アサガオ、シクラメン、サツキツツジなどの赤い花の色は、この色素の色なのです。

アントシアニンを含む真っ赤な花の代表の一つは、ハイビスカスです。ハワイの「州の花」になっています。ハワイの明るく輝くような太陽の光に映える真っ赤な花は、この州の

ハイビスカスの花（撮影・小野郁子）

イメージにふさわしいものです。ここでは、多くの観光客を迎える「歓迎の花」として使われています。

また、東南アジアの熱帯気候地域にあるマレーシアでは、ハイビスカスは「国の花」に選ばれています。この花には、花びらが五枚あります。この五枚の花びらに、マレーシアの国家としての五つの方針、「神への信仰」「国王および国家への忠誠」「憲法の遵守」「法による統治」「良識ある行動と徳性」が込められています。この国では、「花びらの赤い色は、勇気を表している」といわれます。

日本では、この花は沖縄県の象徴になっています。ところが、「所変われば、品変わる」といわれるように、沖縄県では、「歓迎の花」ではありません。「花びらの赤い色は、勇気を表している」ともいわれません。

この花は、沖縄では、「仏桑華《ぶっそうげ》」という別名をもちます。「仏桑華」は、「仏様に供える花」という意味を含みます。そのため、ハイビスカスは、沖縄県では、先祖を祀《まつ》るお墓の周囲の垣根などによく使われます。

ちょっとお洒落な感じのするハイビスカス・ティーは、ハイビスカスの真っ赤な花の色素がお湯に容易に溶ける性質をもっていることを利用しています。「古代エジプトの最後の女王で、その美しさを歴史にとどめているクレオパトラは、美貌《びぼう》と若さを保つために愛飲していた」と語りつがれています。「アントシアニン以外にも、ビタミンCやクエン酸、カリウムなどを含んでいて、健康に良い」といわれます。

また、ツユクサ、キキョウ、リンドウ、ペチュニアなどの青い花の色も、アントシアニンの色です。「三大切り花」といわれるのは、バラ、キク、カーネーションですが、これらには、青い花がありません。そこで、これらの植物に、なんとか、青い花をつくり出そうという努力が、長い間、行われてきました。

その結果、とうとう、「遺伝子を組み換える」という先端技術を使って、青い花を咲かせるカーネーションがつくり出されました。ペチュニアの青い色素をつくる遺伝子が取り出され、カーネーションに入れられ、花の中で青い色素がつくられたのです。青い花を咲かせるカーネーションは、十数年前から、すでに市販されています。

青色のバラの花というのは、古くから、「ありえないこと」や「不可能」の代名詞として使われるほど、「つくり出すことはできない」と思われていました。ところが、ついに、青色のアントシアニンをつくる遺伝子がパンジーから取り出され、バラに入れられて、花の中で青い色素がつくられたのです。その結果、青い色のバラの花が誕生しました。

二〇〇九年一一月三日には、「拍手喝采《かっさい》」を意味する「アプローズ」という商品名で、青い花が切り花として市販されはじめました。青い花のバラの花言葉は、「夢かなう」となりました。はじめの売り出し価格は、一本三一五〇円という高値でした。発売後、数年が経過した現在も、この価格のままで、「予約がいっぱい」という人気が続いています。

このように、赤い花の色も、青い花の色も、アントシアニンという色素の色です。「アントシアニンというのは、ほんとうは、何色なのか」という疑問が浮かぶかもしれません。アントシアニンは、赤色とも青色ともいえないのです。

アントシアニンには、容易に色が変わるという性質があるのです。酸性の液に反応して濃い赤紫色になり、アルカリ性が強くなるにつれて、青色から緑色、黄色へと変色します。「酸性」や「アルカリ性」という言葉に出会うと、むずかしい話のような印象があります。

しかし、そんなにむずかしい話ではなく、簡単な実験で、この性質を確認することができます。

小学校の理科では、花びらから色水をつくる実験をすることがあります。また、学校でなくても、子どものころに花びらの色水をつくった人もあるでしょう。この花びらから取り出した色水を使って、アントシアニンの性質を知ることができます。

アサガオの花びらを水につけてしぼると、花びらの色が水に溶け出してきます。アントシアニンは、水よりお湯によく溶け出します。だから、花びらを水に浸して、その容器を電子レンジに入れて温めると、花びらの色はよく溶け出てきます。

溶け出してきたときのアントシアニンの色がきれいな赤色であっても、少し青みがかった赤色であっても、料理に使う酢をこれに少し加えると、濃い赤紫色になります。酢は、典型的な酸性の液です。だから、この現象は「酸性の液に反応して、濃い赤紫色になる」というアントシアニンの性質を証明しています。

また、濃い赤紫色になった液に、虫に刺されたときに塗るアンモニア水をポトッポトッとゆっくり落としながら、かき混ぜます。すると、アンモニア水が増えるにつれて、液の色は青みを帯び、緑色から黄色に変化します。

アンモニア水は、小さな瓶に入って一〇〇~二〇〇円で、ドラッグストアや薬屋さんなどに市販されています。これは典型的なアルカリ性の液です。だから、この実験は、「アルカり性が強くなるにつれて、青色から緑色、黄色へと変色する」というアントシアニンの性質を証明しています。

この性質は、極端な場合、一つの花で一日のうちに見られることがあります。たとえば、朝早くに開いたときには、真っ青であったアサガオの花が、午後になって萎《しお》れるときには、赤みを帯びている現象などです。

身のまわりの花びらで、ここで紹介した方法で実験をしてください。アントシアニンという色素が、どれほど多くの花の色になっているかを、確かめることができます。

カロテンは、赤や橙《だいだい》、黄色の色素で、あざやかさが特徴です。キクやタンポポ、マリーゴールドなどの黄色の花に含まれています。カロテンは、「カロチン」ともいわれます。カロテンは英語読み、カロチンはドイツ語読みです。

カロテンは、「カロテノイド」という物質の一種です。ですから、カロテンのかわりに、カロテノイドという語が使われることがあります。この語も、以前は、ドイツ語読みでカロチノイドでしたが、最近は、英語読みのカロテノイドが多く使われます。

カロテンは、水やお湯には溶け出てきません。だから、キクやタンポポ、マリーゴールドなどの花を水につけておいても、電子レンジでチンしても、水やお湯は黄色になりません。

カロテンは、水やお湯に溶け出してこないことで、アントシアニンとは容易に区別できるのです。

近年、春早くに、黄色の花があちこちの畑一面に咲くようになりました。アブラナ科のナノハナです。世界中で栽培されている、ヨーロッパ原産の植物です。この植物のあざやかな黄色い花の色素は、カロテンによるものです。春の訪れを早々と告げる花なので、観光資源としても貢献します。また、この花からは、「さっぱりとした、なつかしい味」と形容される蜂蜜が採れます。

この植物は、それだけでなく、「緑肥《りょくひ》」として役に立ちます。ナノハナは、四月初旬までに、大きく成長します。そのあと、田植えの前に、ナノハナを刈り取ってその葉や茎が土にすき込まれると、肥料となって土地を肥やします。つまり、緑の植物が肥料となるので、「緑肥」といわれます。化学肥料に頼らずに、土地を肥やすために使われます。

以前は、田植え前の田には、レンゲソウが育っていました。マメ科のレンゲソウは、根についている小さな粒々の中に住む「根粒菌」に、空気中の窒素を材料にして窒素肥料をつくってもらいます。

そのため、レンゲソウは葉っぱや茎に窒素をいっぱい含みます。その葉っぱや茎を田植えの前に田んぼにすき込むと、窒素がしみ出してきて、土地が肥えます。だから、長い間、レンゲソウは、「緑肥の代表」として使われてきました。

ところが、近年は、田植えが機械化されて、小さいイネの苗を早くに植えるようになりました。そのため、すき込まれるレンゲソウが大きく成長するのを待っていられないのです。そこで、レンゲソウにかわって、より成長の早いナノハナが「緑肥の代表」になりつつあります。ナノハナは、根粒菌に窒素肥料をつくってもらう植物ではないのですが、田植えの前に大きく成長するので、その葉っぱや茎が緑肥として役立つのです。

ナノハナは、観光資源や「緑肥」として役立つために栽培されるだけではありません。実を搾って「なたね油」が採れます。その搾りかすは、油かすとして肥料になります。また、飼料としても使われます。

「なたね油」は、家庭や学校給食のためのてんぷらを揚げるのに使われたあとに、回収されます。そのあと、きれいにされて、バスやトラックのディーゼルエンジンを動かす燃料として使用されます。これは、「バイオディーゼル燃料」といわれます。

この植物は、それにとどまらず、「土壌の放射能汚染を緩和する効果がある」といわれています。一九八六年、ウクライナのチェルノブイリ原子力発電所で大事故がありました。そのとき、放出された放射性物質によって土壌が汚染されました。その土壌汚染の緩和に役立つことが示されています。

その理由は、ナノハナは、放射性物質であるセシウムやストロンチウムを土壌から吸収するからです。ただ、これは、ナノハナだけの特別な性質ではありません。ふつうの植物も、土壌からカリウムやカルシウムを養分として吸収します。そのとき、セシウムやストロンチウムもいっしょに吸収します。

それなら、「なぜ、ナノハナだけに、土壌の放射能汚染を緩和する効果があるといわれるのか」との疑問が生まれます。これについては、納得のいく説明はなされていません。ナノハナは、成長が速いので、他の植物より多くの量を吸収するのかもしれません。ですから、成長の速いヒマワリにも、同じはたらきがあるといわれています。しかし、現在では、ナノハナやヒマワリが特別の作用をもつことを裏づける根拠は見つかっていません。

マリーゴールドは、春から秋にかけて、庭や花壇で栽培される、人気のある植物です。原産地はメキシコです。花には、多くのカロテンが含まれています。橙色のように赤みを帯びているのは、アントシアニンを含むためです。

花々が、花びらを美しくきれいに装うのは、紫外線が当たって生み出される有害な活性酸素を消去するためであり、植物たちの生き残り戦略の一つなのです。植物たちが紫外線の害をアントシアニンやカロテンで防御するのは、花の中で、タネをつくるときだけではありません。葉っぱも、花を咲かせ子孫をつくるために、自分のからだを守りながら成長しています。だから、葉っぱにも、これらの色素が含まれます。それを次項で紹介します。

葉っぱや根や果実にも、防御物質

アントシアニンは、赤ジソ、サニーレタス、ムラサキキャベツ、ムラサキタマネギなどにも含まれています。「葉っぱにアントシアニンが含まれているというか、ムラサキタマネギの食用部が葉っぱなのか」という疑問があるかもしれませんが、ムラサキタマネギやタマネギの食用部は葉っぱなのです。球形の食用部は、短い茎のまわりに、うろこ（鱗）状のぶあつくなった葉っぱが集まったものです。だから、「鱗茎《りんけい》」といわれます。

カロテンも、花だけでなく、パセリ、ホウレンソウ、シュンギクなどの葉っぱに多く含まれています。アントシアニンやカロテンは抗酸化物質ですから、これらの野菜は、私たちの健康に良いということになります。

特にカロテンを私たちに多くもたらしてくれるのは、緑黄色野菜です。緑黄色野菜とは、緑色や黄色の色素を多く含んだ野菜を指します。代表的な緑黄色野菜には、青ジソ、パセリ、シュンギク、コマツナ、ニラ、ホウレンソウ、ダイコンの葉っぱ、クレソンなどがあります。また、ノリやワカメなどの海藻類にもカロテンが多く含まれていることがわかっています。

アントシアニンやカロテンは、花びらや葉っぱだけでなく、実の皮や果肉の中にも存在します。これは、実の中のタネを紫外線の害から守り続けているのです。タネが完全に成熟するまで、植物たちが自分の子どもを守っている姿と思えばいいでしょう。

イチゴの実の赤い色は、アントシアニンに由来します。ブドウの赤紫色、ブルーベリーの青紫色の実の色なども、アントシアニンによるものです。いっぽう、カロテンは、野菜なら、トマト、スイカ、カボチャ、ピーマン、赤パプリカ、果物ならカキ、ビワ、オレンジなどに多く含まれます。「冬至に食べると中風にならない」といわれるカボチャは、そのままカロテンの色をしているので、カロテンの含有量が多いことがわかります。

多種多様のソフトドリンクが並んでいる自動販売機に、最近は、野菜ジュースも置かれています。「サッパリおいしいオレンジ味」「からだにやさしい野菜ジュース」などと缶に書かれています。キャッチフレーズにつられて買ってみると、カロテンがたっぷり含まれていま す。

カロテンは、それ自体がすぐれた抗酸化能力をもっていますが、そればかりでなく、体内でビタミンAが不足すると、ビタミンAに変換され、ビタミンAとしてはたらくという役割も担っています。そのため、カロテンは必要な量を超えて摂取されたときには、肝臓で待機しています。

このように、植物たちが、自分のからだを守るためにつくる物質を、私たち人間は利用させてもらっているのです。植物たちと私たち人間は、同じ生き物です。それぞれに特徴はあっても、同じしくみで生きています。

植物たちと私たちの命は、つながっています。同じ悩みをもち、その悩みを克服しようと、私たちも植物たちもがんばって生きているのです。

逆境に抗して、美しくなる〝すごさ〟

ここまで、「花は、紫外線が当たって生み出される有害な活性酸素を消去しなければなりません。次の世代に命をつなぐために生まれてくる健全なタネを守るためです。そのための物質が、アントシアニンとカロテンです」と紹介してきました。この話をふまえて、次の問題を考えてください。

「植物に当たる太陽の光が強ければ強いほど、花の色はどうなりますか」

答えを、次の三つから、選んでください。

①　変化しない　　②　色あせる　　③　ますます濃い色になる

強い紫外線と太陽の光が当たれば当たるほど、活性酸素の害を消すために、花々は色素を多くつくらねばなりません。だから、正解は、「③　ますます濃い色になる」です。

高山植物の花には、美しくきれいであざやかな色をしているものが数多く存在します。空気が澄んだ高い山の上には、紫外線が多く注ぐからです。また、太陽の強い光が当たる畑や花壇などの露地で栽培するカーネーションと、紫外線を吸収するガラスで囲まれた温室で栽培するカーネーションを比べると、露地栽培のカーネーションの花の色はずっとあざやかです。紫外線を含んだ太陽の光を直接受けるからです。

植物たちは、健康に生きるために、紫外線や太陽の強い光から、からだを守っています。紫外線や強い光という有害なものが多ければ多いほど、植物たちは色あざやかに魅力的になるのです。植物たちは、逆境に抗して美しくなるのです。逆境に出会えば、苦労しなければなりません。その苦労をすることが魅力を増すことにつながるのです。

この理屈は、私たち人間の場合にも当てはまります。「逆境に出会って苦労すれば、人間性が磨かれる」と、励ましに使われたりします。また、昔から、「若いときの苦労は買ってでもせよ」といわれるのは同じ趣旨でしょう。

次に「ナスやトマトの実の色は、太陽の強い光に当たるとどうなりますか」という問題はどうでしょうか。すぐに解けると思います。答えを、次の三つから、選んでください。

①　変化しない　　②　色あせる　　③　ますます濃い色になる

紫外線や強い光の下ほど、野菜や果物は、強く色づきます。色づいた色素には、抗酸化作用があるからです。強い光が当たれば当たるほど、果実の中のタネを紫外線から守るために、多くの野菜や果実は濃く色づく傾向があります。正解は、「③　ますます濃い色になる」です。

たとえば、温室栽培で紫外線がさえぎられると、ナスやトマトの実の色づきが悪くなります。ブドウの実は、太陽の当たる時間が長いほど、よく色づきます。八月下旬、実が鈴なりになっているカキの木を見つけ、実が色づいていく様子を観察してください。日当たりの良いところに実っている果実から色づいていきます。一個の果実に注目しても同じです。よく光が当たる部分から色づきます。

〝皮〟は実を守る

NHKのラジオ番組に、「夏休み子ども科学電話相談」というのがあります。全国の幼稚園児、小学生、中学生が、植物、動物、宇宙などについての素朴な疑問を電話で寄せてきます。私は、植物についての質問の回答者の一人として、ここ数年、出演しています。

ある年、「果物には、なぜ、皮があるのか」と聞かれたことがあります。果物には果肉を包みこむように〝皮〟があります。果物の皮なので、「果皮《かひ》」とよばれます。バナナやミカンなどの果皮は容易に剝けますが、リンゴやカキ、ナシなどでは、果皮をわざわざ果物ナイフや包丁で剝かなければなりません。だから、面倒です。そこで、「なぜ、果物たちは、そんなものを身にまとっているのだろう」という素朴な疑問です。

植物が果物をつくるのは、子どもであるタネをつくり、自分たちの命を次の世代へつないでいくためです。ですから、果物は実の中にあるタネを守り育てなければなりません。果皮は、このために実を守っているのです。「何から、守っているのか」と考えると、果皮がある理由が具体的にわかってきます。

まず、果皮がなければ、おいしい栄養のある果汁がこぼれ落ちます。すると、果物は乾燥して大きくなれません。そんな条件の中では、タネはうまくつくられません。だから、果皮には、乾燥から実を守るという大切な役割があります。特にスイカやカボチャのぶあつい果皮には、乾燥を防ぐ意味が強くあるのです。

硬い皮には、虫に食べられることから、実やタネを守る意味があります。果肉や果汁に含まれる栄養成分を虫や鳥などにたやすく食べられるのを防ぎます。リンゴやナシなどの比較的ツヤのある硬い果皮は、簡単には、虫や鳥などに食べられないように、防御しているのです。実を守りタネをつくるためです。

リンゴやバナナの果皮に、傷がつくと、そこが黒くなって、かさぶたのように傷口がおおわれます。これは、そこから病原菌が入ってこないようにするためです。だから、果皮には、病原菌の感染を防ぐという大切な役割があります。

果皮は、病原菌と同様にカビの防御もしています。カビの胞子などは、どこにでも飛んでいます。生の食べ物を放置しておくと、いつのまにかカビが生えてくるのは、カビの胞子が空気中を漂っているからです。

果皮は、カビの胞子がつかないように、表面をきれいにしておき、ときには、雨に洗われることも必要です。だから、多くの果物の皮は、雨水をはじくように、ツルツルのものが多いのです。雨に打たれて、きれいになる利点があります。

また、果皮が傷つくと黒くなるのは、ポリフェノールが果皮またはその内側に存在するからです。ポリフェノールは、抗酸化作用があり、紫外線の害を防御します。リンゴやトマトの赤い皮、ミカンやカキの黄色い皮、紫色のブドウやブルーベリーの皮などに含まれる色素は、紫外線の害を防ぐ作用のあるアントシアニンやカロテンです。だから、果皮は、実の中に生まれてくる子どもであるタネを紫外線の害から守っているのです。

果皮のはたらきは、果物の種類によりさまざまです。でも、それらの目的は、一つです。実の中にあるタネを守ることです。果物に〝皮〟があるのは、子どもを守っている果物の姿なのです。

第六章　逆境に生きるしくみ

（一）暑さと乾燥に負けない！

植物は熱中症にならない！

近年、夏の猛暑がすごいです。そのために、毎年、炎天下で太陽の強い光と暑さのために、多くの人が、「熱中症」になります。救急車で病院に搬送される人が、ひと夏に全国で数万人を超え、亡くなる方もおられます。

最近は、「熱中症」といわれますが、数十年前までは、これは「日射病」とよばれていました。暑い中で長時間、太陽の強い光に当たると、体温が上昇し、水分が不足し、頭痛やめまいをおこします。ひどい場合には、意識を失ってしまうなどの症状が出るものです。

ものすごい猛暑の中で、「人間以外の動物は、熱中症にかからないのだろうか」との疑問が、多くの人にもたれました。ペットのイヌやネコは、飼い主に守られていますから、そんなに長時間、太陽の強い光に当たることは少ないでしょう。

ある暑い夏、「植物たちは、熱中症にかからないのか」という質問を受けました。自然の中で育つ植物たちも、太陽の強い光と暑さの影響を受けます。「熱中症」という病名が適切かどうかはわかりませんが、猛暑のために、からだが弱ることはあるでしょう。

でも、夏に育つ植物たちは、私たちが心配しなければならないほど、猛暑に困ることは少ないはずです。なぜなら、猛暑にほんとうに困るような植物たちは、夏の暑さが来る前の春に花を咲かせ、暑さに耐えられるタネをつくって、すでに枯れています。ですから、夏の暑さに弱い植物たちは、夏には、すでに姿を消しているのです。

夏には緑の植物が多いので、枯れた植物の姿は目立ちません。でも、春に花を咲かせている植物たちを思い出してください。ナノハナやチューリップ、カーネーションなどの姿は、夏には、見当たりません。

冬の畑で育っていたダイコン、ハクサイ、キャベツなどの姿も、夏の畑にありません。「夏が旬《しゅん》の野菜を栽培するためにとうに収穫されてしまったから、姿を消した」と思われがちです。しかし、これらの野菜が、もし収穫されずに栽培され続けていたら、春に花を咲かせ、タネをつくり、夏の暑さが来るまでに枯れています。

いっぽう、夏の猛暑の中で育っている植物たちの多くは、暑い地方の出身です。ですから、本来、夏の暑さに強い植物たちなのです。そのため、熱中症になることを心配するよりは、むしろ、太陽の強い光と暑さを喜んでいるでしょう。

たとえば、夏に花を咲かせるアサガオやケイトウの出身地、すなわち原産地は、熱帯アジアです。オシロイバナは熱帯アメリカ、ニチニチソウはマダガスカルが、それぞれ原産地です。ホウセンカの原産地は、東南アジアです。

花木類では、キョウチクトウやムクゲの原産地はインドです。サルスベリは中国南部の暑い地方、ハイビスカスは東アフリカやインドなどの熱帯の暖地がそれぞれ原産地です。野菜では、スイカはアフリカ中部、キュウリはインド、ゴーヤーやヘチマは熱帯アジア、オクラはアフリカ、ナスはインドが、それぞれの原産地です。

これらの植物たちの祖先が生まれ育った故郷は、「熱帯」と名のつく土地や、インドやアフリカなど、いかにも暑そうな地域なのです。ですから、猛暑だからといって、夏に育っている植物たちは、私たちが心配しなければならないほど困っていません。

しかし、これらの植物たちが「暑さに強い」のは、暑さと闘うためのしくみをもっているからです。どんなしくみをもって、夏の暑さと闘っているのでしょうか。

暑さと闘う〝すごさ〟

夏に育つ植物たちは、猛烈な暑さと闘っています。その闘うためのしくみの一つは、植物が自分のからだを冷やすという冷却能力です。太陽の強い光を受けている葉っぱは、水を蒸発させることで、からだの温度を冷やします。私たちが、暑いときに汗をかくのと、同じしくみです。一グラムの水を蒸発させると、五八三キロカロリーの熱が奪われていきます。多くの水を蒸発させればさせるほど、からだを冷やすことができます。

そのため、夏の昼間、植物は多くの水を使います。長い間、森や山に育っている樹木は、広い範囲に根を張りめぐらせているので、多くの水を吸収することができます。また、そんな樹木たちの下に生きる小さな木や草は陰になっているので、強い光が当たりません。だから、水不足になることはありません。

水の不足に困るのは、家の庭や畑、花壇で育つ植物たちです。だから、これらの植物たちには、たっぷりと水をやることが必要です。夏の猛暑の中では、昼間の暑さのために、夕方になると、庭や畑、花壇の土はカラカラに乾きます。ですから、水をやるのは、夕方がいいのです。

夕方、水不足のために、ぐったりと葉っぱを下に垂らしていた植物も、夜の間に水を吸って、朝にはピンと葉っぱを広げます。夜の間に水を吸い、朝の太陽の光を十分に水をもった状態で迎え、元気よく光合成をはじめます。

植物が夜の間に多くの水を吸収し、からだにため込むことを示すのに、「溢水《いっすい》」という現象があります。朝早くに、葉っぱの先端部分に水滴になって水がたまっている現象です。夜の間に水を吸収しすぎて、余った水が溢《あふ》れ出てきたのです。

夜の湿度が高かった早朝に、多くの植物で観察できます。朝早くに、背の低い草が生えた野原などを散歩すると履き物がびっしょりと濡れます。また、背の高い草が生えていれば、ズボンやスカートの裾《すそ》がびっしょりと濡れます。これらは、葉っぱの上の露が原因のことがありますが、多くの植物の「溢水」がこの現象をおこしていることもあります。

植物たちは、夜の間に水を吸収し、からだにためます。だから、水やりは夕方にするのがいいのです。でも、夕方にやるよりは、朝早くに水をやったほうがいい場合があります。それは、植物が、カビやキノコの「菌糸」がはびこっている土地に生きている場合です。

カビが生えた食べ物などを見ると、白い細い糸のようなものが集まっています。あの細い糸のようなものが、「菌糸」とよばれるものです。「菌糸」は、カビの本体なのです。キノコも、カビの仲間です。だから、キノコでは、食用になるカサのあるキノコが出るまでは、「菌糸」が繁殖しています。

市販されているキノコを注意深く観察すると、ときどき、キノコの基部の部分に白いふんわりしたものが、少しだけ、残っていることがあります。あれが、キノコの「菌糸」で、キノコを生み出すもとになるものです。

カビやキノコの菌糸の繁殖は、とても速いのです。カビやキノコがじめじめとした湿った状態の暖かい中で繁殖することは、よく知られています。だから、夏の夕方にたっぷりの水が与えられると、栄養のある庭や畑、花壇ならば、夜の暖かさを利用して、菌糸は喜んで繁殖します。

このような土地の場合、土をていねいに観察すると、カビやキノコの菌糸が繁殖しているのがわかります。土に混じっている枯れ葉のかけらに白い菌糸がついていたり、あるいは、小さな木屑《きくず》などが白い菌糸におおわれていたりします。

ひどい場合には、夏の夕方にたっぷりと水をやった翌朝、湿度が高いと、畑の黒い土が一面にうっすらと白色におおわれているような感じに見えることがあります。この白く見えるのが、カビやキノコの菌糸です。

このような兆候を示す土地では、夕方に水をやってはいけません。カビやキノコの菌糸がはびこると、植物が枯れたり、生育が抑制されたりするからです。朝早くに水をやれば、カビやキノコの菌糸は、昼間の太陽の強い光やそれに含まれる紫外線に弱いですから、植物の生育に害を及ぼすほど繁殖することはありません。

水をやるとき、水の量はたっぷりにすべきです。水を吸収する根は土の中深くに伸びています。だから、土の表面から水がしみこんで、その深さにまで届くほど、たっぷりとやる必要があります。水をやって、土の表面がいくら濡れていても、水は深くにまでしみこんでいません。

水をまいたら、そのあとで、指先で、少し土を掘ってみてください。そして、水がよくしみこんでいるかを確認してください。栽培している草花や家庭菜園で育てている野菜などの大切な植物が水不足になって枯れないためには、そのくらいの慎重な世話が必要です。

昼間には、水やりをしないほうがいいでしょう。昼間にまいた水は土の中にしみこむ前に、暑さのために乾いてしまい、まいた水の大半は無駄になります。たっぷりとやったつもりでも、土の中にしみこんだ水は意外と少ないのです。昼間、土の表面が濡れるだけの水やりは、水を吸収するための根を土中深くに伸ばしている植物たちには、役に立ちません。

また、昼間にまいた水は、土中の水を吸い上げて蒸発させてしまうことがあります。暑いとき、土の表面から下にしみこんだ水は、土の中にある水と結びつくと、土の表面から蒸発するときに、土中の水を引き上げて、いっしょに蒸発させるのです。すると、土中の水までなくなってしまいます。何のために、水をやったのかがわからなくなります。

夜に光合成の準備をする〝すごい〟植物たち

太陽の強い光を受けると、植物たちは葉っぱから水を蒸発させます。植物たちは葉っぱから水を蒸発させると、からだを冷やすことができ、太陽の強い熱と暑さから、からだを守ることができるからです。そのためには、多くの水が必要です。ところが、そんなに多くの水を使うことが許されない環境に生きる植物たちがいます。たとえば、サボテンです。

サボテンは、南北アメリカ大陸の乾燥した砂漠地帯の出身です。水の少ない砂漠という乾燥した場所では、なるべく水を蒸発させないように暮らさなければなりません。そのため、サボテンは、葉を小さいトゲにして、水の蒸発を防いでいます。

そして、茎の部分を多肉の状態にして、水を蓄えて乾燥に耐えるようになっています。この部分が、葉っぱの役割を果たし光合成をしています。この部分からは水が容易に蒸発しないように、表面はロウのような層でおおわれています。

からだ全体に生えている細かいトゲは、太陽の強い光が多肉の部分に直接当たることを防ぎます。また、乾燥した砂漠地帯では、夜は冷え込みがちなので、からだをおおうようなトゲは、急激にからだの温度が低下するのを避ける意味もあります。もちろん、これらのトゲは、多肉の部分を食べようとする動物から、からだを守るのにも役立ちます。

葉っぱの温度を下げるために、水は葉っぱにある気孔という小さな孔《あな》から蒸発します。ところが、気孔は、光合成に必要な二酸化炭素を葉っぱに取り込むための孔でもあります。ですから、水の蒸発を防ぐために気孔を閉じると、光合成の材料である二酸化炭素を吸収できません。二酸化炭素を吸収するためには、気孔を開けなければなりません。すると、多くの水が葉っぱから蒸発します。

これが、乾燥した砂漠地帯に生きる植物たちの悩みです。植物たちは、「光合成に使える光が当たっているときには、多くの二酸化炭素を取り込みたい。そのためには、気孔を開けねばならない。しかし、気孔を開けたら、多くの水が蒸発してしまう。かといって、気孔を閉じて水の蒸発を防いでいると、光合成に使える太陽の光がせっかくあるのに、二酸化炭素を取り込めないので、光合成ができない」と、長い間、深刻に悩んできたに違いありません。

そんな悩みの中から、「それなら、太陽の光が強い昼間には、気孔を閉じて水の蒸発を防ぎ、太陽の光がない涼しい夜に、気孔を開けて二酸化炭素を取り込めばよいだろう」と思いついた植物たちが現れました。

もちろん、夜の暗闇《くらやみ》の中で取り込まれた二酸化炭素は、光がないので光合成には使われません。からだの中に蓄えられるだけです。朝になって、太陽の光が当たるようになると、植物たちは、蓄えていた二酸化炭素を取り出し、太陽の光のエネルギーを利用して、光合成に使います。

こんなしくみを身につけた植物の代表が、ベンケイソウ（Crassulacea）です。ベンケイソウが行う代謝（Crassulacean acid metabolism）という意味で、各単語の頭文字をとって、このしくみをもつ植物は、CAM（カム）植物とよばれます。サボテンやアロエ、カランコエ、セイロンベンケイソウ、パイナップルなどが、このグループの植物です。

CAM植物は、昼間、葉っぱからの水の蒸発を抑えていますから、水の消費量が少ないのです。植物がどれだけの量の水を消費するかは、植物の大きさ、温度や湿度、太陽の光の強さなどによって、微妙に変わります。そのため、植物の重さが一グラム増える間に消費する水の量で表せば、植物間で比較することができます。

しかし、このように決めても、水分を多く含んだ植物と、あまり含まない植物とでは、一グラムの重さが増える間に必要な水の量は、うまく比較できません。そのため、植物の水の消費量は、植物を乾燥させて水分をなくしたあとの重さが一グラム増える間に使われる水の量で表すことに決まっています。

ふつうの植物なら、この量は五〇〇～八〇〇グラムです。ただの一グラムの体重を増やすために、ものすごい量の水を使うのです。それに対し、CAM植物の場合は、五〇～一〇〇グラムです。ということは、CAM植物は、昼間に気孔を閉じているため、蒸発による水の損失を約一〇分の一に節約していることになります。

いっぽう、昼間に葉っぱから水を蒸発させるのは、からだの温度を下げるためです。ですから、CAM植物が昼間に水を使わず蒸発を防ぐと、体温の上昇を防ぐことができません。「昼間の太陽の光で、葉っぱの温度があがる」と想像されます。

ところが、ふしぎなことに、これらの植物の体温は、昼間の太陽の光が当たっているときにも、そんなに高くならないのです。どのようなしくみで太陽の熱を発散させているのかは、わかっていません。

このように、植物たちは、自分のからだを冷やすという冷却能力があるので、「暑さに対して闘って生きている」と表現できます。しかし、寒さに対しては、闘うような生き方はできません。植物には、自分でからだを暖める能力がないからです。

ですから、寒さには、耐えしのぶしかありません。そのためには、寒さに耐えるための工夫が必要です。次節では、寒さを耐えしのぶための植物たちのしくみを紹介します。

（二）寒さをしのぐ

熱力学の原理を知る〝すごさ〟

秋になると、多くの植物の葉っぱは枯れ落ちます。ところが、一年中、緑の葉っぱをつけている樹木もあります。冬の寒さの中を緑の葉っぱのままで過ごす樹木は、スギやマツ、モミ、ツバキやキンモクセイなどです。これらは「常緑樹」といわれます。

昔から、「これらの植物が、どうして、冬の寒さの中で緑の葉っぱのままで過ごせるのか」と、ふしぎに思われてきました。そして、昔の人々は、冬の寒さに出会っても枯れない緑のままの樹木を、「永遠の命」の象徴として、崇《あが》めてきました。

神事には、サカキの枝葉が神木として用いられます。仏様やお墓には、シキビが供えられます。サカキもシキビも常緑樹です。これらの樹木は、古来、神社やお寺に大切に植栽され、尊ばれてきました。

「歳寒《さいかん》の松柏《しょうはく》」というたとえがあります。「歳寒」は「寒い冬」を意味し、「松柏」はマツと、ヒノキ科のヒノキやサワラ、コノテガシワなどの樹木を指します。これらは、いずれも常緑樹であり、寒い冬にも緑の色を変えないことから、「どんなに苦しいときでも、信念を貫き通す」ことのたとえに使われます。マツやヒノキなどの常緑樹は、一年中、緑の葉っぱをつけていることをふしぎに思われ、敬われてきたのです。

「なぜ、一年中、常緑樹の葉っぱは緑色のままでいられるのか」と、質問してみると、多くの場合、即座に「これらの樹木は、寒さに強いから」との答えが返ってきます。

この答えは、間違いではありません。しかし、何か物足りません。その理由は、この答えが、これらの樹木が寒さに耐えるためにしている努力に触れていないからです。寒さに強い植物も、何の努力もなしに、寒さに強いわけではありません。

たとえば、一年中、緑のままの木の葉っぱでも、暑い夏に、冬のような低い温度に出会うと、その葉っぱは低温に耐えられず凍って、枯れてしまいます。しかし、冬の寒さにさらされている緑の葉っぱは、低温で凍ることはありません。ということは、一年中、同じ緑色のままであっても、葉っぱは、冬の寒さに向かって、耐えるための準備をしているのです。どんな準備をしているのでしょうか。

冬の寒さに耐えて生きるためには、冬に凍らない性質を身につけねばなりません。そのため、これらの葉っぱは、冬に向かって、葉っぱの中に凍らないための物質を増やします。たとえば、「糖分」です。

「糖分」というのは、甘みをもたらす成分で、「砂糖」と考えて差し支えありません。冬に向かって、葉っぱが糖分を増やす意味は、砂糖を溶かしていない水と、砂糖を溶かした砂糖水とで、どちらが凍りにくいかを考えれば、わかります。

砂糖水のほうが、凍りにくいのです。そして、溶けている砂糖の濃度が高くなれば高くなるほど、ますます凍らなくなります。たとえば、水は0℃で凍りますが、一五パーセントの砂糖水はマイナス1℃でも凍りません。葉っぱが含んでいる糖分の量が増えれば増えるほど、葉っぱは凍りにくくなります。「凝固点降下」という熱力学の原理です。

「凝固点降下」とは、「純粋な液体は、揮発しない物質が溶け込めば溶け込むほど、固体になる温度が低くなる」ということです。言い換えると、水の中に糖が溶け込むほど、その液の凍る温度が低くなるということです。だから、糖分を増やした葉っぱは、冬の寒さでも凍らずに、緑のままでいられるのです。実際には、寒さを受けることによって、ビタミン類などの含有量が増えるので、それらの物質による凝固点降下の効果によりますます凍りにくくなります。

冬の寒さを緑のままで過ごす植物たちは、こんな原理を知って実践しているのです。外から見れば何の変化もなく、「寒さに強いから、ずっと緑色をしている」と思われがちな常緑樹の葉っぱは、じつは、寒さに耐える工夫を凝らして生きているのです。何にも努力をしないように見えて、じつは〝すごい〟努力家なのです。何の努力もなしに、寒い冬に、やわらかい日差しを浴びて、緑に輝くことはできないのです。

ただ、「冬の樹木の葉っぱは、糖分が増えて、ほんとうに甘くなっているのだろうか」と疑っても、葉っぱをかじって確かめないでください。樹木の葉っぱには、虫に食べられるのを防ぐために、有毒な物質が含まれていることが多いからです。葉っぱを食べると、もどしたり、下痢をしたりすることがあります。ひどい場合には、めまいや意識を失う中毒症状が現れるかもしれません。

「寒さに耐えるために、葉っぱの中に糖分を増やす」というしくみは、冬の寒さに耐える多くの植物に共通のものです。ですから、野菜で確かめることができます。たとえば、冬の寒さを通り越したダイコンやハクサイ、キャベツなどは、「甘い」といわれます。糖分が増えて、甘みが増しているのです。

「寒じめホウレンソウ」というのがあります。このホウレンソウは、冬に、暖かい温室で栽培されています。ところが、出荷前に、わざわざ一定期間、温室の中に冬の寒風が吹き入れられ、ホウレンソウは寒さにさらされます。糖分を増やし、甘みを増すことが目的です。

コマツナは、アブラナ科の代表的な緑黄色野菜で、ホウレンソウ、シュンギクとともに、「非結球性の三大青菜」の一つです。江戸時代、江戸の小松川《こまつがわ》（現在の東京都江戸川区）で栽培されていたので、「コマツナ（小松菜）」と名づけられました。ウグイスがさえずるころから出まわり、色もウグイス色と似ていることから、「ウグイスナ」の別名があります。

冬に出荷されるものは、温室で栽培されたものです。「寒じめホウレンソウ」と同じように、出荷前に、わざわざ一定期間、温室の中に冬の寒風が吹き入れられ、寒さにさらされます。それによって、甘みが増えます。それが、「寒じめコマツナ」とよばれるものです。

「雪下ニンジン」とよばれるニンジンが、早春に出荷されます。これは、秋に収穫されずに、冬の寒い間、雪の下に埋められ過ごしてきたニンジンです。とても甘く、糖度は、ふつうのニンジンの二倍にもなるといわれます。

果物でも、温州《うんしゅう》ミカンなどは、冬の寒さに出会うと甘くなります。「完熟ミカン」とよばれるのは、冬の寒さを体感したミカンで、糖分が高くなっています。

緑の葉っぱで冬の寒さに耐える植物だけでなく、食用部が地中にあるダイコンやニンジンでも、また、果実までも、同じしくみで、冬の寒さをしのいでいるのです。冬の寒さに出会わねばならない地域に生きる植物たちは、冬の寒さをしのぐための術を心得ているのです。

〝すごい〟と感服せずにいられません。

地面を這って生きる〝すごさ〟

「植物たちの発芽の季節は、いつですか」と問えば、多くの人は、「春」と答えるでしょう。

たしかに、春に発芽する植物は多いのですが、秋に、野や路傍を少し注意して観察してください。発芽したばかりの植物が多くあります。これらの植物の多くは、秋に発芽し、特徴的な姿で、冬の寒さを過ごします。

その特徴的な姿とは、茎を伸ばさず、株の中心から放射状に多くの葉っぱを、地面を這《は》うように広げる姿です。なるべく重ならないように葉っぱが出るため、バラの花びらのように、葉っぱが相互にずれて重なりあっています。この姿は、バラ（rose）の花に見立てられて、「ロゼット（rosette）」とよばれます。

秋に発芽したハルジオン、ヒメジョオン、セイタカアワダチソウなどの雑草が、ロゼット状態の姿で、冬に地面を這うように葉っぱを展開します。寒さや乾燥は、地面から高くなるにつれて厳しく、地面近くでは、厳しさはやわらぎます。だから、ロゼット状態の姿をしていれば、地面近くで、寒さや乾燥をしのげます。また、葉っぱが地面にへばりついていると、冷たい風の影響をあまり受けません。

ただ、寒さや乾燥をしのぐだけでなく、この姿は、葉っぱを大きく広げているので、光を十分に受けられます。冬の地表面では、ほかの植物の葉っぱは少なく、光を奪い合うこともほとんどありません。自分の葉っぱは重ならないように放射状に広がっているので、冬の快晴の日のおだやかな太陽の光を、無駄なくいっぱいに受けることができます。その光で、光合成をして、栄養をつくり出すことができるのです。

そして何より、この姿で冬を越せば、春に暖かくなってから発芽する植物たちより、早くに成長をはじめることができます。暖かくなればすぐに背丈を伸ばし、ほかの種類の植物を自分の陰にしてしまいます。陰になった植物たちの成長をさまたげることはあっても、自分たちがほかの種類の植物の陰になることはありません。

ということは、冬をロゼットの姿で過ごすのは、春の成長に備えて、場所を確保している意味もあります。春に暖かくなると、ロゼットで冬を過ごしてきたハルジオンやヒメジョオンは、早々と茎を伸ばし、初夏に花を咲かせます。冬をロゼットで過ごしてきたセイタカアワダチソウなどは、ほかの植物の成長を抑えて、太陽の光を受けて伸び、秋まで成長を続けます。

冬の寒さが来る前にわざわざ発芽して、冬の寒さの中で葉っぱを展開してロゼットで過ごすことに、こんなに大きな効能があるのです。「そうなのか」と納得しながら、地面に葉っぱを広げている植物たちを見ると、花見の季節に、サクラの名所のあちこちに敷かれている青いビニールシートのイメージと重なります。これは、花見の宴のための「場所取り」です。冬にロゼット状態で葉っぱを広げている姿は、春からの成長に備えての「場所取り」のように見えます。

タンポポやオオバコは、冬だけではなく、一年中、ロゼット状態で過ごします。「この姿で一生を過ごすことが、何か意味をもつのか」という疑問もあるでしょう。葉っぱが広がっている面積は小さいのですが、それがこの植物たちのなわばりです。

そのなわばり内の地面には、葉っぱでさえぎられて、光は当たりません。だから、ほかの植物は育ちません。そのため、背が低くても、花が咲けば目立ちます。花茎が伸びれば、葉は地面近くの高さにしかありませんから、花がもっと目立ちます。

タンポポの花がよく目立つのは、あざやかな黄金色のためでもありますが、花を支える花茎が葉っぱの位置よりすらっと高くに伸びていることも一因です。ロゼット状態で花茎を伸ばす植物たちは、ハチやチョウに「花が咲いているよ」とアピールできます。

また、葉っぱだけが地表面に展開するタンポポやオオバコには、芽をもつ茎が見当たりません。これらの植物が葉っぱをつくり出す芽は、地表面と同じくらいの高さにあるのです。そのため、動物がこれらの植物たちの芽を食べるのはむずかしいでしょう。

葉っぱは食べられるでしょうが、芽は動物に食べられずに残ります。残った芽からは、葉っぱが再び生えてきます。ですから、動物に食べつくされることに抵抗して芽を守る姿が、ロゼット状態で生涯を過ごす、もう一つの意義です。

私たちは、この種の雑草を抜くとき、できるだけ根もとから抜こうと心がけます。それは、芽が根もとの近くにあり、葉っぱだけを引きちぎったり刈りとったりしても、またすぐに葉っぱが茂ってくることを知っているからです。

ひょっとしたら、ロゼットは、人間に邪魔者扱いされることに抗して、自分のからだを守って、生き抜いている姿なのかもしれません。

(三) 巧みなしくみで生きる

"すごい" 生き方をする植物

驚くような生き方をする植物がいます。その生き方から、すごい名前がついているので、紹介します。「シメコロシノキ(絞め殺しの木)」です。東南アジアやオーストラリアの熱帯・亜熱帯地域に生息するツル性の樹木です。

この樹木はイチジクの仲間の植物で、その実は鳥やコウモリに食べられます。実の中のタネは糞といっしょにまき散らされます。ところが、まき散らされたタネが地上に落ちないことがあります。このようなことは、多くの樹木が繁茂する熱帯林などでしばしばおこります。

タネは枝や幹の割れ目などに入って、その場所で発芽し、根が成長します。根のまわりにつく葉のくずのようなものから、養分を吸収します。熱帯林のように多くの樹木が繁茂して

シメコロシノキ（上）根がほかの木の幹にしがみつくように巻きついて、地面に向かって伸びています（下）根に巻きつかれていた木は枯れてしまい、シメコロシノキの根だけが残ります（写真・節政博親／アフロ）

いると、乾燥することはありません。

でも、養分も水も十分にはありませんから、根はゆっくりとしか成長しません。水や養分を多く吸収するために、根は何本にも枝分かれして本数が増えます。それぞれの根が木にしがみつくように巻きついて、地面に向かって下に伸びていきます。

根の先端が地面に到達すれば、地面から養分や水を吸収します。そのため、根は太さを増し、植物の成長は急速によくなります。根から養分や水を供給されたツルは、枝や幹に絡まりながら、どんどんと上へ伸びていきます。

葉は茂り太陽の光を受けて光合成をしますから、この植物はますます元気に成長します。ツルは幹の上にたどりつくと、光をさえぎるものがなくなります。だから、もう上へ伸びる必要はなく、葉っぱをより一層繁茂させ、花を咲かせ実をならせます。

いっぽう、根に巻きつかれた木は、悲惨です。当初は細い根にしがみつかれるように巻きつかれていただけです。しかし、それらの本数が増え、根の先端が地面に届くと、水や養分が吸収されるので、細かった根が太りはじめます。太くなってきた根に巻きつかれている木の幹は、締めつけられるような状態になります。

幹の上のほうの枝に生える葉っぱは、絡まったツルがその上にまで伸びて葉っぱを茂らせているので、陰になってしまい、光合成を十分にできません。もともとあった自分の根のまわりには、幹にしがみつくように巻きついて降りてきている多くの根がはびこりはじめます。ツルの先端部にある葉っぱは、光の当たるところに到達して繁茂し、光合成を十分にします。そのため、根がはびこるための栄養がどんどん送られてきます。その栄養を使って、ツルの根はどんどんはびこります。それに対し、ツルに巻きつかれている木では、葉っぱが陰になって光合成があまりできません。そのために、根には栄養が十分に送られてきません。結局、根ははびこれません。

その上、幹に巻きついている根は、幹を締めつけるように太ります。だから、根に巻きつかれている幹は太ることもできません。葉っぱからも根からも、太るための栄養を得られません。そのため、木は枯れていきます。

太い根が幹に巻きつかれている状態で、木は枯れていきます。やがて、幹は腐って姿を消すことさえあります。その様子は、ツル性の樹木が木を絞め殺したような印象を与えます。「シメコロシノキ」という、恐ろしい名前がついている所以《ゆえん》です。

「肉食系植物」とは？

私たちの身近で、驚くべき生き方をしている植物たちを観察することができます。食虫植物です。食虫植物は、文字通り、虫を食べる植物です。昆虫やその他の小さな動物を捕らえて、消化し、栄養を吸収する植物です。

植物が虫を捕食して生きているのは珍しいので、夏休みなどには、各地の植物園などで、食虫植物展などが開催されます。多くの人に興味がもたれ、機敏に葉を閉じるハエトリソウが人気者になります。この植物は、「ハエトリグサ」や「ハエジゴク」などの名で、園芸店などで市販されることもあります。

「ハエトリソウが虫を捕らえて、何の役に立つのか」という素朴な質問があります。その答えは、葉に捕らえられた虫を観察していれば、わかります。ハエトリソウは、捕らえた虫から栄養を吸収するために、タンパク質を分解する消化酵素などの液を出し、虫を消化してしまうのです。私たち人間が、肉や魚を食べて、それを消化し栄養を吸収しているのと同じです。

「虫を捕らえて、それを食べて栄養としている」というと、ハエトリソウはいかにも動物のように生きているという印象があります。しかし、そうではありません。この植物はふつうの植物と同じように、クロロフィルという緑色の色素をもっています。クロロフィルは葉緑素ともいわれ、文字通り、葉っぱの緑色の素になる色素で、光合成のための光を吸収する色素です。ですから、この植物は光合成を行います。そのため、日当たりの良い場所を好んで生活します。

ハエトリソウは、十分な光と水があれば、光合成をするのです。だから、光合成でつくることができるブドウ糖やデンプンをほしがってはいません。ハエトリソウがほしがっているのは、タンパク質などの窒素を含んだ物質です。私たちは、これらの物質を主に肉や魚から得ます。同じように、ハエトリソウも虫を消化して窒素を含んだ物質を吸収します。

ふつうの植物は、窒素を含んだ養分を土の中から吸収します。だから、「なぜ、ハエトリソウは根から窒素を含んだ養分を吸収しないのか」という疑問が浮かぶでしょう。ハエトリソウは北アメリカの出身ですが、原産地となる土地は、窒素などの養分をあまり含まない痩せた土地なのです。だから、これらの養分を根からは吸収できなかったのです。そのため、これらの養分を補うために、虫のからだから窒素を含んだ物質を摂取する能力を身につけたのです。

「そんな生き方をしてまで、そんな痩せた土地に生きる利点はあるのか」との疑問もあるでしょう。ふつうの植物は、養分が乏しいので、そんな土地には生きていけません。だから、こんな能力を身につけることで他の植物たちに邪魔されずに競争もせずに、痩せた土地で生きていくことができるのです。

ハエトリソウが虫を捕らえるしくみは、たいへんに巧妙です。この植物の虫を捕らえる葉っぱは、二枚貝の開いたような状態で向き合っています。二枚の葉っぱのまわりには、トゲ

ハエトリソウ（撮影・中村宏）

がいっぱい生えています。

この姿は、「女神の眼」にたとえられます。葉っぱの形は大きな眼のようであり、トゲはそのまわりにあるまつ毛に見立てられます。そのため、この植物の英語名は、「女神のハエ取り罠《わな》」という意味をもつ「ビーナス・フライ・トラップ」です。

この葉っぱは、たいへん機敏に動きます。葉の中には三本の感覚毛があります。ハエなどの虫がこの感覚毛に触れると、二枚の葉がピタンと合わさるようにすばやく閉じて、葉と葉の間に、ハエなどを閉じ込めてしまいます。

感覚毛に一回触れただけでは、葉っぱは閉じません。二〇〜三〇秒間に連続して二回触れたときだけに、葉っぱは閉じるようになっています。これは、風で運ばれてきたゴミなどが触れても、無駄に葉を閉じないためです。葉っぱを閉じるということは、ハエトリソウにとって、エネルギーを消耗することなのです。だから、無駄には閉じないのです。栽培しているときに、おもしろがって何度も触っていると、葉は枯れてしまいます。植物そのものが枯れてしまうこともあります。

ハエトリソウは、自然の中で養分に恵まれない土地に生まれたために、こんなしくみを発達させ、やむなくこんな方法で生きていくことになったかわいそうな植物です。おもしろがって、空振りで葉を閉じさせないでください。

ハエトリソウ以外にも、食虫植物は、いくつか知られています。捕らえる方法は、植物によっていろいろです。ウツボカズラは、葉が変形したつぼ形の捕虫器をぶら下げているツル性の植物です。モウセンゴケは葉に粘液を分泌したネバネバの毛が生えており、虫が止まると捕らえます。タヌキモの葉は、「捕虫葉」といわれ、袋の入り口を毛で隠しており、そこに入り込んだ虫を捕らえます。ムシトリスミレは、葉面に粘液を分泌しており、そこに止まった虫を捕らえます。

「ムシトリナデシコ」という、いかにも食虫植物のような名前の植物がいます。でも、この植物は食虫植物ではありません。ムシトリナデシコは、ナデシコ科の植物で、「小町草《こまちそう》」という、かわいい別名をもっています。

この植物は、茎の葉が出ている下の部分に、ネバネバの粘液を分泌します。そのため、虫が捕まることがあります。だから、「ムシトリ」という名前がついています。でも、食虫植物ではないので、虫を消化することはありません。「それなら、なぜ、粘液を出すのか」との疑問がありますが、「アリが茎を上ってきて花の蜜を奪うのをさまたげている」といわれます。

「根も葉もない植物」の〝すごさ〟

「根も葉もない」という表現があり、何の根拠もないことを表すときに使います。「成長のもととなる根がなければ、その結果、生えるはずの葉っぱもない」という意味であり、「根も葉もない」植物など、本来は存在しないということでしょう。でも、実際には、根も葉もない植物は存在するのです。

ネナシカズラという植物があります。根はなく、葉はほとんど退化してしまっています。ヒルガオ科のツル性の植物です。他の植物の茎に巻きついて吸いつくように突起が入り込み、その植物から栄養を奪います。このように他の植物のからだにとりつき、そこから栄養を奪って生きる植物は、「寄生植物」とよばれます。寄生植物であるネナシカズラは、奪った栄養で成長し、小さなきれいな花を咲かせます。タネもつくります。

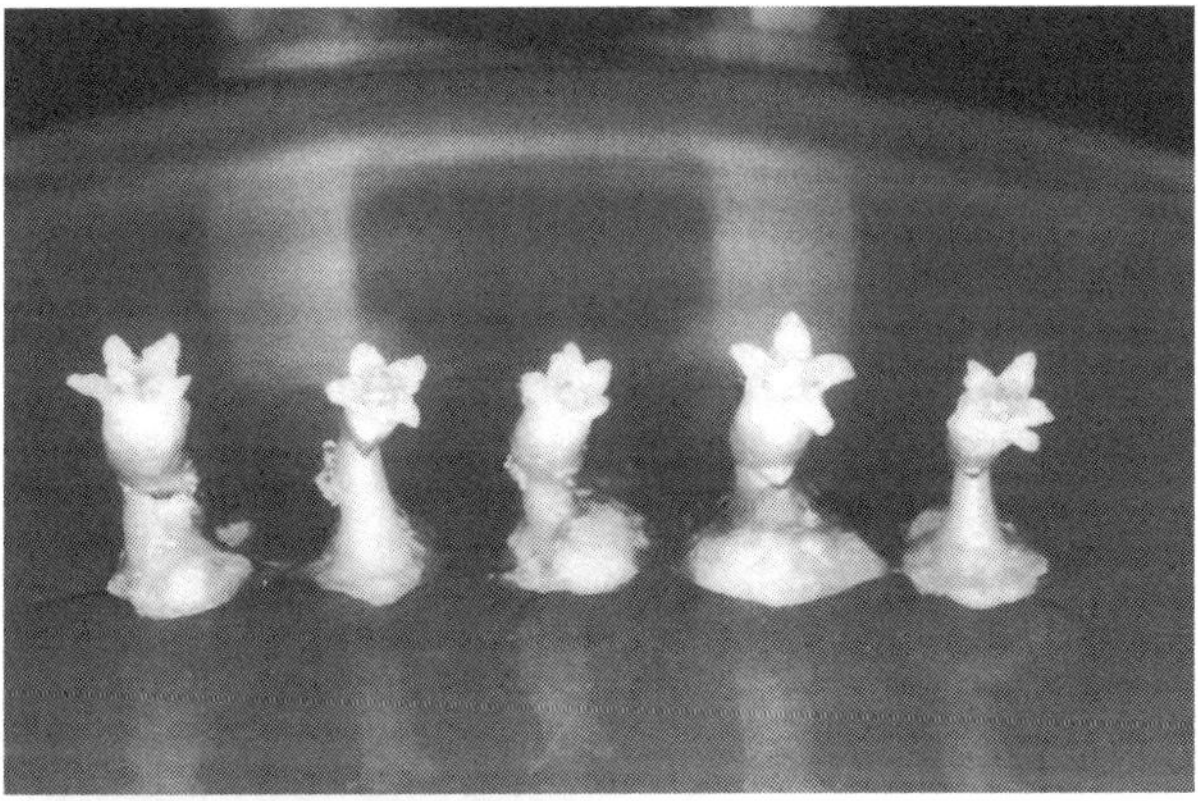

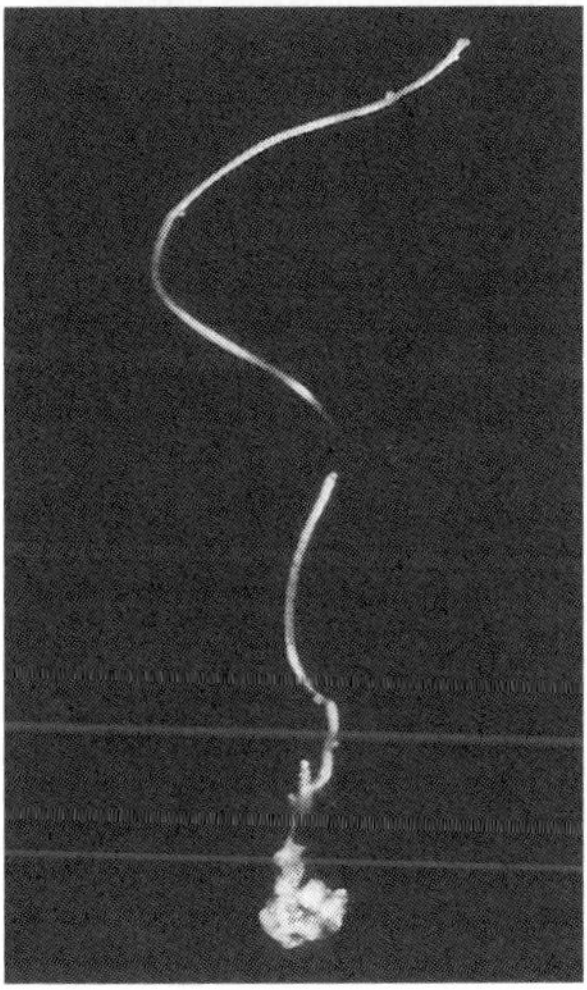

ネナシカズラ　（上）根がなく葉がほとんど退化してしまっていても、花は咲きます。（左）ツルは巻きつくものを探しながら、伸びます（撮影・田中修）

栄養をとられるほうを「宿主《しゅくしゅ》」といいます。宿主は、栄養をとられるけれども、多くの場合、そのために枯れることはありません。寄生植物は、宿主が枯れるほど栄養を奪うと、自分も生きていけなくなります。そのため、根こそぎ栄養を奪わないからです。寄生植物は自分の生き方を

ラフレシアの花（撮影・岸勘治）

よく知り、こんなわきまえを身につけているのです。

「ラフレシア」という、ブドウ科の植物に寄生する植物がいます。この植物が成長するためのすべての栄養は、寄生された植物が供給します。そのため、ラフレシアは、根も葉もない奇妙な植物です。茎も見られることはありません。

それでも、この植物は、大きな花を咲かせます。その大きさは、直径一メートルにも及ぶことがあり、「世界最大の花」といわれます。「寄生植物なのに、なぜ、そんなに大きい花を咲かせるのか」という疑問が浮かびます。

宿主の植物から限られた栄養しか奪えないラフレシアには、子ども（タネ）を残すために、二つの選択肢があったはずです。一つは、多くの小さい花を次々と咲かせ、それぞれの花で少しずつタネをつくる方法です。それに対し、花の数は少ないけれども大きい花を咲かせ、その花の中で多くのタネを一気につくる方法もあります。

小さい花が次々と咲くためには、長期間が必要です。宿主も自分も長期間にわたって生き続けることが必要です。しかし、自然の中で、宿主にも自分にも、そんな保障はありません。そこで、花を咲かせるチャンスが来れば、限りある栄養を一気に使って、大きい花を咲かせる方法を選んだのでしょう。

しかも、この植物は、雄花と雌花を別々の株に咲かせます。そうすれば、自分の雌花には、同じ仲間の他の株に咲く花の花粉がついて、タネができます。その結果、自分の性質と別の株の性質とが混じり合って、いろいろな性質のタネができます。いろいろな性質のタネができれば、さまざまな環境に生きていけます。

そんなタネをつくるためには、虫が他の株に咲く花の花粉を運んできてくれなければなりません。だから、ラフレシアは、できるだけ目立つ香りを放ち、虫を呼び寄せねばなりません。そのためか、この花の香りは、とても印象的なものです。

その香りとは、「腐った肉の匂《にお》い」です。私たち人間にはひどい悪臭に感じられる匂いです。これは、受粉の媒介となるハエを誘い込むための匂いです。だから、ハエたちには魅力的な香りなのでしょう。

ショクダイオオコンニャク（別名スマトラオオコンニャク）の花（提供・東京大学大学院理学系研究科附属植物園）

さまざまな「世界一」を記載するギネス・ブックでは、「世界一大きな花」を咲かせる植物はスマトラオオコンニャクです。この花の直径は一・五メートルにも達します。この植物は、日本でも、数年前、東京大学の植物園で開花し、話題になりました。

ただ、この花は小さな花の集まりを大きな苞《ほう》で包んだもので、一つの花ではありません。そのため、独立した花としては、ラフレシアの花が「世界一大きな花」とされます。

ピーナッツの〝すごい〟かしこい生き方

ピーナッツは南アメリカの原産ですが、日本には、一八世紀のはじめころに、中国から伝《でん》播《ば》しました。そのため、中国から渡来したことを意味する「南京《ナンキン》」という語をつけて、「南《なん》京豆《きんまめ》」とよばれます。私たちに身近な食べ物ですが、その正体は意外と知られていません。

「ピーナッツは、木にぶら下がって、実っている」と思っている人も、少なからずいます。ピーナッツの「ピー」は、「豆」を指すか、「豆粒大の」という意味です。「ナッツ」は、本来、「木になる実」に与えられる語です。だから、ピーナッツは、「木になる、豆のような実」と思われているのかもしれません。

「ピーナッツは〝ラッカセイ〟のことだということを知っていますか」と若い人に尋ねると、「ピーナッツとラッカセイが同じである」とは知らない人も少なからずいます。

「ラッカセイは、ピーナッツのことだ」と知っている人でも「どんな漢字を書くの」と尋ねると、「ラッカセイは、日本語なのですか」と怪しむ人もいます。ラッカセイという名前を知っていても、「落花生」と書ける人は少ないのです。

ましで、その漢字を知っている人に、「なぜ、そのような字を書くのですか」と尋ねると、その意味を知っている人は、ますます少なくなります。ピーナッツを実際に栽培した経験のある若い人は、少ないからでしょう。

ラッカセイは、花が咲くと花を支えていた柄が伸び、メシベの基部にある子房の部分が土にもぐり、そこに実がなります。だから、「『落花生』は花が落ちたところに生まれる実という意味で『落花生』と書くのです」と説明します。

すると、次には、「なぜ、土の中で実をつけるのですか」との疑問が返ってきます。「土の中だと、虫や鳥などの動物に食べられることが少ないから、からだを守るのには都合がいいのです」と答えると、どうやら納得がいくようです。

ピーナッツの一つの特徴は、あのカサカサの殻です。「なぜ、あのような殻に包まれているのだろう」という疑問がもたれます。あの殻にはピーナッツが生きていくために大切な意味があります。ピーナッツの原産地は、南アメリカのブラジルあたりです。そのあたりの河原に、もともと育っていたのです。だから、「ピーナッツは、砂地を好む」といわれます。

しかし、大雨が降って増水すれば、そのたびに、河原に育っているピーナッツは簡単に流されます。ふつうの植物なら、増水で根こそぎさらわれるように流されるのはたいへんな災難です。しかし、ピーナッツには、そのときがチャンスなのです。土の中につくられていた実（タネ）が入ったサヤは、水にさらわれて根こそぎ流されます。

このサヤはカサカサなので、水に浮かびます。そうして流されることで、タネが移動します。タネがたどりつくところは、また砂地の河原でしょう。そこが新しい生育地になるのです。

ピーナッツは、花が咲いたあと、おいしい栄養たっぷりの実を動物に食べられないように、土の中に実らせます。そのように子孫をつくると、動物には食べられませんから、タネを遠くへまき散らしてもらえる可能性がほとんどありません。すると、生育地を移動したり、生育地を広げたりするチャンスが少なくなります。そこで、ピーナッツは、カサカサの殻を身につけ、新しい生育地に移動する手段としているのです。

ピーナッツのマメには多くの脂肪が含まれています。蓄えられた脂肪分け、発芽するときの栄養となります。また、ピーナッツには、ビタミンEが多く含まれます。含まれるビタミンEは、発芽後に当たる紫外線や太陽の強い光によって発生する活性酸素を消去するはたらきがあります。ほんとうに自然の中を生きていくために、うまくできています。〝すごい〟といわざるをえません。

ピーナッツを食べるとき、こんなふうにからだを守り、生育地を広げて、自然の中を生き抜いてきたことを思い出してください。ピーナッツの味は、今まで以上に味わい深いものとなるでしょう。

第七章　次の世代へ命をつなぐしくみ

（一）タネなしの樹でも、子どもをつくる

タネがなくても肥大する〝すごさ〟

果実というのは、本来、タネがなければ、肥大しません。植物にしてみれば、わざわざエネルギーを使っておいしい実をつくる意義は、「動物に食べてもらい、その果実を食べるときにいっしょに体内に入ったタネを、糞といっしょに離れた場所に排出してもらう」ことです。

あるいは、動物に実が食べられるときに、タネが飛び散ります。動物が実をくわえて移動し、別の場所で食べてくれれば、タネは離れた場所に散布されます。そうすれば、自分が動

きまわることのできない植物も、生育地を広げたり、生育地を変えたりできます。

だから、動物に果実を食べられるときにタネがないのなら、果実をつくる意味がありません。そのため、タネがなければ、おいしい果実は実りません。このことは、イチゴでわかりやすく確かめることができます。

イチゴの実の表面には、多くのツブツブがあります。「イチゴは、ツブツブが多いほど、実が大きくなる」と、いわれます。この意味を知るためには、イチゴの花が咲いたあと、イチゴの実が大きくなりはじめる前に、表面のツブツブをピンセットで全部取り除きます。

表面にあるツブツブはタネそのものではないのですが、このツブツブの中にタネにあたるものがあります。だから、タネを取り除こうとするなら、「ツブツブを取り除けばよい」と考えて差し支えありません。ツブツブをピンセットで全部つまみとってしまうと、イチゴの実は肥大しません。

試みに、イチゴの実が大きくなりはじめる前に、実の上半分のツブツブを残して、下半分のツブツブを全部取り除くと、上半分だけが肥大したイチゴの実ができます。これらの結果は、「果実が肥大するためには、タネが必要だ」ということを示しています。

では、なぜタネがないと果実は大きくならないのでしょうか。じつは、タネからイチゴの実を大きく肥大させる物質が出るのです。これによって、食べる部分が肥大し、大きなイチ

イチゴ（イラスト・星野良子）

ゴの実になります。イチゴの実を大きく肥大させるのは、タネから出る「オーキシン」という物質です。

イチゴのツブツブの中にはタネがあり、そのタネからオーキシンが出て、イチゴの実を大きく肥大させているのです。「大きく肥大させる」と、物質名の「オーキシン」とは、音が似ているので、「何かの関係があるのか」と思われがちです。でも、「大きく」という語と「オーキシン」という名前には、何の関係もありません。

このオーキシンのはたらきを確かめる実験は、容易にできます。すべてのツブツブを取り除いてしまって、大きくならないはずのイチゴに、オーキシンを与えればいいのです。この実験をすると、たしかにオーキシンを与えることで、イチゴは大きく肥大します。

タネというと、発芽して成長するはたらきに目が向けられます。でも、イチゴのタネの中では、実を大きくする物質をつくり出しているのです。小さいタネがあのおいしいイチゴの実を肥大させてくれていると思うと、そのはたらきはすごいと思わざるをえません。

オーキシンは、イチゴだけでなく、トマトの実も肥大させます。トマトは、南アメリカのアンデス山脈からメキシコにかけての地域が原産地であり、暑さに強く寒さに弱い植物です。そのため、昔は、トマトは夏に限られた野菜でした。しかし、最近は、スーパーマーケットなどで、一年中、売られています。

夏が旬のトマトが冬に売られていても、見慣れているので、ふしぎに思われません。「どうして、トマトが冬に実るのか」と問えば、「暖かい温室で栽培されているから」という答えが返ってきます。

暖かい温室で栽培されているのは事実ですから、その答えが間違っているわけではありません。でも、「暖かい温室で栽培されているから」というだけでは、何か物足りません。なぜなら、冬に暖かい温室で栽培したからといって、トマトは勝手に実ってくれるものではないからです。

トマトが実るためには、温室の中で、花が咲かねばなりません。多くの植物では、花が咲くために、季節によって変化する昼と夜の長さが大切です。そのため、季節はずれに花を咲かせるには、昼と夜の長さを調節しなければなりません。

たとえば、キクの花を一年中市場に供給するためには、温室に電灯照明をして、昼と夜の長さを調節する「電照栽培」が行われています。また、ポインセチアの花をクリスマスまでに咲かせ、花びらのように見える苞を色づかせるためには、夏ごろから、長い夜を与える処理が長期間にわたって続けられます。

だから、本来は、暖かい温室で栽培したからといって、一年中、トマトが花を咲かせると考えられません。ところが、幸いにも、トマトは、季節により変化する昼と夜の長さに反応して花を咲かせる植物ではないのです。

トマトは、多くの植物とは異なり、ある大きさに成長すると、昼と夜の長さに関係なく、花を咲かせる植物なのです。そのため、電照栽培をしなくても、苗を暖かい温室で成長させさえすれば、花は咲きます。

「暖かい温室で栽培されているから」という答えには、まだ不足していることがあります。花が咲いたからといって、トマトの実はならないのです。実がなるためには、ハチやチョウが花粉をメシベに運んでくれなければなりません。ふつうには、冬の温室の中に、ハチやチョウはいません。人間が花粉をつけてまわる人工授粉をすればいいのですが、それには、たいへんな労力が必要です。

そこで、トマトの温室には、セイヨウオオマルハナバチというハチが人為的に放たれます。このハチは、ミツバチと比べ、温度が低くても活動が活発で、花粉をつけてまわる能力が高いのです。だから、トマトの実をならせるのに役に立ちます。

ところが、「セイヨウ」という言葉が名前につくことから想像されるとおり、ヨーロッパ原産の外来種のハチです。そのため、温室から逃げ出すと、日本の生態系を荒らすことが危《き》惧《ぐ》され、「特定外来生物」に指定されており、取り扱いには注意が必要です。トマトが栽培されるビニールハウスでは、外へ逃げ出すことがないように、万全の対策を講じることが義務づけられています。だから、セイヨウオオマルハナバチは利用しづらいのです。

温室栽培でトマトの実をならせるもう一つの方法は、「オーキシン」を使うことです。イチゴの実を大きくするはたらきのあるオーキシンを花にかけると、花粉がつかなくても、実が肥大します。オーキシンは、イチゴだけでなく、トマトの実も肥大させる作用をもっているのです。

ただ、オーキシンで実を肥大させると、花粉がメシベについて実ができるわけではないので、実が肥大してもタネはできません。そのため、季節はずれに売られているトマトには、

「タネなし」のトマトがあります。セイヨウオオマルハナバチを使わず、オーキシンで肥大させたものです。トマトの場合、タネがあっても邪魔にならずそのまま食べられますから、オーキシンで肥大させた「タネなし」の場合も、気づかれないことが多いのです。

このように紹介すると、オーキシンという物質のすごさばかりが目立ちます。しかし、ほんとうにすごいのは、その物質をつくり出し、トマトの実を肥大させている、トマトのタネなのです。あるのかないのか意識されることのないタネが、あのトマトの実を大きく肥大させるというすごいはたらきをしているのです。

温州ミカンは、子どもをつくる

イチゴやトマトのように、タネがなければ、ふつうには、果実は大きく肥大しません。しかし、実際には、タネなしの果物が私たちの身近にいろいろあります。その代表の一つが、「温州ミカン」です。私たち日本人が「ミカン」といえば、ふつうは「温州ミカン」を指すほど、この品種は日本人に愛されています。

温州ミカンは、果物の中でも、タネがない上に、皮が簡単に剝けるので、食べやすいのです。近年、カナダやアメリカでも、「テレビ（TV）を見ながらでも食べられる」という意味で、「TVフルーツ」や「TVオレンジ」とよばれ、人気があります。

季節的には、このミカンが食べごろになるのはクリスマスの時期なので、「クリスマス・オレンジ」といわれることもあります。カナダやアメリカに輸出されていく段ボール箱には、「MIKAN」とかかれており、「ミカン」は国際語になりつつあります。

「温州ミカン」という名からは、「中国の温州から来たミカン」、あるいは、「中国の温州で生まれたミカン」との印象を受けます。しかし、そうではありません。中国のミカンの集散地として名高い温州にちなんでつけられた名前ですが、温州ミカンは正真正銘の日本生まれです。このミカンは、「薩摩《さつま》オレンジ」という名前をもっています。この名前は、日本の薩摩（現在の鹿児島県）生まれであることにちなんでいます。

温州ミカンの祖先は、江戸時代初期に、中国から渡来しました。そのときのミカンには、タネがありました。ところが、約四〇〇年前の江戸時代前期、当時の薩摩で栽培されていたときに、このミカンに突然変異がおこり、「温州ミカン」が生まれました。

「オシベの葯《やく》がしなびて、花粉がメシベについてタネをつくる能力をなくす」性質と、「タネができなくても、子房が肥大する」性質を併せもつミカンが生まれたのです。子房とは、ミカンの場合、私たちが食べる部分です。花粉が能力をなくし、タネができなくても、本来ならタネがつくられる場所であるメシベの基部が肥大するのです。これが、タネなしの「温州ミカン」です。

しかし、このミカンが生まれた時代は、子ども（タネ）がいなければ「御家断絶」で家が途絶えるという江戸時代でした。そのため、「タネなし」のミカンは忌み嫌われました。タネなしの果物の魅力が理解され、このミカンの皮の剝きやすさや味わいが評価され、人気が出るのは、明治時代になってからです。

タネなしの果物の場合、多くの人に「タネがないのに、どうやって増やすのか」という疑問がもたれます。このミカンは、私たち人間が、主に接ぎ木で増やします。もし、人間が接ぎ木をしなければ、温州ミカンは絶滅してしまう運命にあります。

といっても、温州ミカンは、そんなにたやすく、自分の子孫を絶やしません。たとえ「温州ミカン」という品種は絶滅しても、温州ミカンは自分のもっている遺伝子を次の世代に受け継がせていきます。

「タネをつくらない温州ミカンが、自分の遺伝子を、どのようにして受け継がせていくのか」との疑問があるでしょう。しかし、温州ミカンは、自分たちの命は途絶えても、遺伝子を次の世代へつないでいく〝すごさ〟をもっているのです。

温州ミカンは「タネなし」の果物なので、タネをつくる能力がないと思われがちです。たしかに、突然変異で、花粉はタネをつくる能力をなくしました。しかし、メシベには花粉を受け取ればタネをつくる能力があります。だから、他の品種の花粉がメシベにつけばタネはできるのです。温州ミカンに、ときどき、タネがあるのは、それが原因です。

「タネなし」というと、いかにも、子どもを残す能力がないかのような印象があります。しかし、多くの場合、メシベはタネをつくる能力はなくしていないのです。メシベは、母親として、何としても、次の世代へ自分たちの命をつなぎ、自分たちの遺伝子を伝えていくというパワーをもっているのです。「母親が子どもを残そうとする力は強い!」と思えば、これはよく理解できます。

実際に、温州ミカンのメシベは、母親としての強い思いで、「清見《きよみ》オレンジ」という新しい柑橘類を生み出しています。この柑橘類は、一九七九年、温州ミカンの一種である「宮川《みやがわ》早生《わせ》」を母親に、「トロピタオレンジ」を父親として、生み出されました。

静岡市清水区にある清見潟《きよみがた》で生まれたので、その地名に由来して、「清見オレンジ」と命名されました。正確には、「ミカンとオレンジを交配したものなので『清見タンゴール』という名が正しい」といわれます。

母親となった「宮川早生」は、柑橘類の分け方では、「マンダリン」といわれたり「タンジェリン」といわれたりします。そのため、「タンジェリン(tangerine)」の「tang」と父親の「トロピタオレンジ」の「オレンジ(orange)」の「or」から、子どもである清見オレンジは、「tangor(タンゴール)」という柑橘類に分類されます。

清見タンゴールの誕生は、タネなしの温州ミカンの母親が子どもをつくるというすごい力をもっていることの証《あか》しです。

パイナップルもタネをつくる！

パイナップルという果物があります。その名前の由来は、「パイン」と「アップル」を合わせたもので、もともとは「パインアップル」です。「パイン（pine）」は「松」であり、「アップル（apple）」は「リンゴ」です。パイナップルの実の姿は、松ぼっくりに似ています。だから、「パイン」なのです。アップル（リンゴ）の語は、ヨーロッパでは価値のあるおいしいものに使われました。

たとえば、トマトは、フランスで「愛のリンゴ」、イタリアで「黄金のリンゴ」、ドイツで「天国のリンゴ」とよばれました。トマトは栄養が豊富で価値が高いからです。また、ジャガイモは「大地のリンゴ」とよばれます。ジャガイモの食用部分は大地の中でつくられ、値段は高くないのですが、エネルギー源となり、ビタミンCを多く含む栄養的に価値の高い作物だからです。

パイナップルは、「自家不和合性」という性質をもっています。自分の花粉が自分のメシべについても、タネができない性質です。ふつうには、果樹がこの性質をもっていると、タネができないので、果実が実りません。

その例は、ナシやリンゴです。ナシやリンゴは、放っておけば、この性質のためにタネはできず、実がなりません。そこで、ナシ園やリンゴ園では、わざわざ人間が他の品種の花粉をメシベにつけてまわる「人工授粉」を行います。

ところが、パイナップルは自家不和合性であるにもかかわらず、人間が他の品種の花粉をメシベにつけてまわらなくても、果実が大きくなります。「タネができなくても、果実が肥大する」性質をもっているのです。この性質は、「単為結実《たんい》」、あるいは、「単為結果」といわれます。だから、パイナップルは、本来、「タネなし」です。

「パイナップルは、本来、『タネなし』である」といっても、タネをつくる能力がないわけではありません。パイナップルのもつ自家不和合性という性質では、他の品種の花粉がメシベにつけば、タネはできます。

そこで、パイナップルを「タネなし」にして、果実を肥大させるように栽培するためには、他の品種の花粉がつかないように、栽培しなければなりません。その方法は、一つのパイナップル畑に、一つの品種しか栽培しないことです。

一つの品種しか栽培されていなければ、虫が畑の中をどんなに飛びまわって花粉をメシベにつけても、パイナップルは自家不和合性なので、タネはできません。ところが、虫はパイナップル栽培のそんな事情には無頓着《むとんちゃく》です。

パイナップルの品種は日本ではあまり知られていませんが、二〇〇〇種以上あるといわれます。だから、パイナップルの産地では、異なる品種のパイナップルが隣り合わせに栽培されていることもあります。

虫はある品種が栽培されているパイナップル畑を飛びまわったあとに、気が向けば、別の品種が栽培されている畑に飛んでくることがあります。そして、そのパイナップル畑の花のメシベに別の畑で栽培されていた品種の花粉をつけます。すると、花粉をつけられたパイナップルのメシベには、タネができます。

だから、パイナップルにタネのできる可能性はあるのです。実際には、そんなに多くの虫たちが多くの花粉を運んでくるわけではないので、パイナップルは、タネをつくらず、「タネなしフルーツ」と思われています。

しかしパイナップルには、数は少ないのですが、タネがあることがあります。タネは私たちが食べる果肉の部分にはなく、果肉とぶあつい外皮の間あたりにあるので、その気になって、注意深く探さなければ見つけることはできません。

パイナップルは、切り身にして販売されていることがあります。これらの切り身を少し注意深く観察すれば、タネを見つけることができます。タネの形と大きさは、アズキのマメを

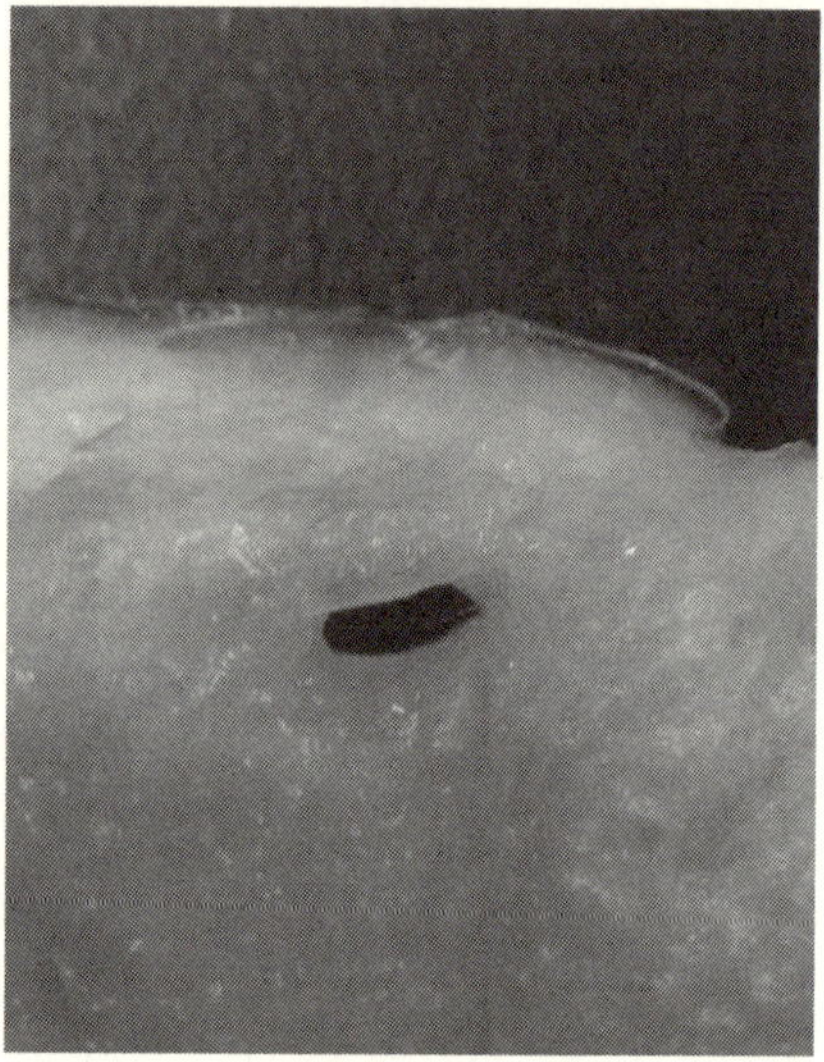

パイナップルの実の中にあるタネ（撮影・宮脇辰也）

ひとまわりからふたまわり小さくしたもので、色は茶色です。一つの大きいパイナップルの実の中をていねいに探すと、五～七個くらいは見つけることができます。

　パイナップルにタネがあることはあまり知られていないので、偶然にそのタネを見つけると、虫の卵が入っていると思われることがあります。「保健所に、『パイナップルの中に害虫の卵が産みつけられている』という通報があった」と聞いたことがあります。

　パイナップルの中で見つけたタネを取り出し、発芽させると、芽が出てきます。ただ、この場合は、父親は違う品種です。別の品種の花粉がつかないと、タネができないからです。そのため、そのタネからは、買ってきたパイナップルとまったく同じ味や香りなどをもつ実をならせる株は育ちません。

同じ性質のパイナップルの実をならせる株を増やしたいのなら、パイナップルの実の上部にある葉っぱの部分を切り取って、それを土に植えて育てることです。でも、実際の栽培では、実をならせるまでに成長した株の基部から出てくる子どもの株を株分けして増やします。株分けした株は、二〜三年間栽培すれば、開花して結実するようになります。

　パイナップルは、一見、「タネなし」に思われます。しかし、自分のもっている遺伝子を次の世代へつなぐことを放棄した植物ではありません。メシベは虫が運んできた他の品種の花粉を使って子どもをつくる能力をもっています。オシベの花粉は栽培されている畑の中では子どもをつくるのに役に立ちませんが、オシベの花粉も他の品種が育つパイナップル畑に運ばれれば、自分の子どもを残すことができるのです。だから、飛んできた虫たちにくらいついてでも、「他の畑に連れて行ってほしい」という気持ちでしょう。メシベもオシベも自分の子どもを残す能力をきちんともっているのです。

「タネなし」と思われる果物たちも、懸命に次の世代へ命をつなぐ営みを続けているのです。タネができない場合でも、成長した株は、その基部に、子どもの株を生み出してきます。それぞれが、次の世代へ命をつなぎ、自分の遺伝子を受け継がせていく術をきちんと身につけているのです。植物たちの次の世代へ命をつなぐという思いは、すごく強いものです。種を維持し子孫の繁栄を願うという生き物としての性《さが》を感じます。

「タネなしフルーツ」の代表の一つは、バナナです。バナナにも、昔、タネがありました。でも、突然変異がおこって、タネができなくなったのです。バナナを輪切りにして注意深く観察すると、中心部に小さな黒色の点々があります。それが、タネのなごりです。

突然変異がおこる前のバナナには、タネがありました。バナナのタネはけっこう大きくてアズキの豆くらいの大きさでした。それが、一本のバナナにたくさん詰まっていました。現在でも、タネのあるバナナは残っており、沖縄県などで見ることができます。また、バナナの原産地である東南アジアのフィリピンやマレーシアには、タネのあるバナナがあって、現地では食べられています。

突然変異をおこしてタネをなくしたバナナは、食べやすくて都合がいいので、人間が大切に栽培して、タネなしフルーツの代表にしたのです。「タネのないバナナをどうして増やすのだろうか」という疑問があるでしょう。

タネをつくる能力をなくしたバナナも、根もとから新しい植物体を生やす能力をもっているのです。バナナを育てていると、親の株の根もとのあたりから、新しい芽生えが出てきます。その芽生えを育てると、バナナの実がなります。タネなし果物の代表であるバナナも、次の世代へ命をつないでいくという〝すごい〟能力をもっているのです。

(二) 花粉はなくても、子どもをつくる

「無花粉スギ」でも、タネをつくる

花粉症で悩む人の数は、調査ごとに違いますが、少ない想定でも二〇〇〇万人といわれます。日本の人口はおよそ一億二〇〇〇万人なので、六人に一人が苦しんでいることになります。多い場合だと五〇〇〇万人といわれ、二〜三人に一人が苦しんでいることになります。

このように、近年、花粉症で悩む人の増加にともない、「花粉をつくらないスギ」や「花粉を飛ばさないスギ」が探し求められてきました。その結果、花粉をつくらない無花粉スギが見つけ出されました。

一九九二年、富山市内の神社で、花粉をつくらないスギの木が見つかったのです。富山県は、このスギの木から採ったタネを育てて、「花粉をつくらない、成長の早い苗木」を選び出しました。名前が一般から公募され、三〇〇〇通以上の応募の中から、「はるよこい」という名前が選ばれました。

また、二〇〇五年、茨城県の独立行政法人林木育種センターが花粉のないスギの木を発見しました。このスギの木は、「花粉症のない、さわ(爽)やかな春になるように」との思い

を込めて、「爽春《そうしゅん》」と名づけられました。

「はるよこい」や「爽春」のように花粉をつくらないスギは、花粉症に悩む人たちの興味を引き、その普及が期待されます。しかし、これらのスギが育ち、花粉症の原因となる花粉の飛散量が減るという実際の恩恵を受けるまでには、かなり長い年月がかかります。

なぜなら、「花粉をつくらない」という性質のスギの木を増やすためには、「はるよこい」や「爽春」から「挿し木」という方法によらねばならないからです。「挿し木」というのは、芽のついた枝を切り取り、砂や土に挿しておくだけです。やがて、挿された枝から根が出ると、木が育ちはじめます。挿し木で育つ木は、挿し木に使った枝と同じ性質ですから、花粉をつくらないスギの木が育ちます。

幸い、「はるよこい」の枝には、「挿し木したときに根を出す能力が高く、その後の成長が速い」という性質がありました。それでも、挿し木による増殖で供給できる苗の数は、年間五〇〇本程度といわれていました。

「はるよこい」や「爽春」が話題になったとき、「挿し木ではなく、なぜ、タネで増やさないのか」、あまり疑問に思われることはありませんでした。「花粉がないから、タネはできない」と思われていたからでしょうか。数年後に、この疑問は現実味を帯びて語られることになりました。

花粉の出ていない無花粉スギ（左）と花粉が出ている通常のスギ
（提供・富山県農林水産総合技術センター森林研究所）

二〇〇九年の本格的な花粉症のシーズンがはじまろうとする二月、富山県森林研究所で「『無花粉スギ』をタネで増やすことができるようになった」と発表されました。この発表では、「二〇一四年までに無花粉スギの苗を二万本出荷できる」となっていました。

この報道で多くの人がもった疑問の一つが、「花粉のないスギのタネを、どうやってつくるのか」というものです。スギは、花粉をつくる雄花とタネをつくる雌花を別々に一本の木に咲かせます。花粉がないということは、雄花が花粉をつくる能力をなくしたということです。

雄花が花粉をつくる能力をなくして

も、雌花に生殖能力があればタネはできます。話題になった無花粉スギの場合、雌花には生殖能力が残っており、花粉をつくるスギの花粉を雌花につけると、タネはできるのです。無花粉スギの雌花は子どもをつくる能力をもっており、花粉は能力をなくしても、メシベの母親としての力は、力強く生きているのです。

「花粉をつくるスギの花粉をつけると、無花粉スギでもタネはできる」ということを知ると、次の疑問は、「できたタネから育つスギは、『無花粉スギ』なのか」というものです。この疑問はもっともで、できたタネから育つスギは、すべてが無花粉スギではありません。

もしうまく無花粉スギをつくる遺伝子をもつスギを選び出し、その花粉を使ったとしても、タネをつくると、無花粉スギが生まれる確率は高くても五〇パーセントです。だから、無花粉スギになるタネをつくるためには、どの株の花粉をつけてもよいというわけではありません。できるだけ、無花粉スギをつくる遺伝子をもつ株の花粉をつけねばなりません。

ところが、花粉をつくるスギが無花粉スギをつくる遺伝子をもっているかどうかは、外見からはわかりません。だから、タネをつくって、それを育てて、無花粉スギかどうかを調べねばなりません。

ここで、「タネのときに、無花粉スギをつくる遺伝子をもつかどうかを見つける方法はないのか」との疑問が浮かびます。「無花粉スギのタネか、花粉をつくるスギのタネか」が、タネのときに判別できれば、何の問題もありません。しかし、残念なことに、タネの状態で判別する方法はないのです。

そこで、タネを発芽させて、苗木にまで育てます。「発芽させて、苗木にまで育てて、いつごろ判別がつくのか」との疑問が続くでしょう。ところが、発芽させて、苗木に育てても、苗木の姿や形からは判別はつきません。

気が短い人なら、「タネでもわからない、苗木に育ててもわからない。では、どうしたら、判別できるのか」と答えを急がれるでしょう。そんな人に対する、意地の悪い答えは、「苗が大きく成長して、花を咲かせれば容易に判別できます」という、気の長い答えです。

「スギの苗が成長して花を咲かせるまでには、何年かかるのか」という質問がせきたてるように続くでしょう。「モモ、クリ三年、カキ八年」といわれるように、タネが発芽してから実がなるまでの年数は樹木ごとにほぼ決まっています。スギは何年かかるのでしょうか。

スギのタネが発芽してから、花を咲かせるまでに一五年から二〇年かかります。無花粉スギかどうかがわからないスギを、そんなに長い間、育てなければなりません。「発芽させた苗木が無花粉スギとわかるのに、そんなに長い年数がかかるのか」という嘆きが聞こえてきそうです。

同時に、「もっと早くに無花粉スギの苗木だけを選び出す、何かいい方法はないのか」という疑問が生まれます。そのとおりで、できるだけ早い時期に、無花粉スギの苗木かどうかを選別する技術が必要です。

じつは、富山県森林研究所が「『無花粉スギ』のタネができるようになったので、二〇一四年までに無花粉スギの苗を二万本出荷できる」と発表した裏には、その技術の開発があったのです。

ジベレリンという物質を溶かした液をかけると、わずか二年目の苗木に花が咲くのです。花が咲けば、「無花粉スギ」かどうかの判定ができ、「無花粉スギ」だけを選抜して育てることができます。これから無花粉スギのタネをつくってくれる「無花粉スギ」は、二〇一二年に「立山《たてやま》 森の輝き」という名がつけられました。

ジベレリンという物質は、本来なら、花が咲くまでに一五年から二〇年もかかるスギの木に、たった二年で花を咲かせるという〝すごい〟はたらきをします。この物質は、日本人によって発見されたものです。

イネがもたらした〝すごい〟発見

日本人がジベレリンという物質を発見するきっかけとなったのは、イネの苗が水田でヒョロヒョロと長く伸びてしまう病気の研究でした。病気にかかった苗は背丈が異常に高く伸びるので、倒れやすく、おコメを実らせることなく、枯死します。たとえ穂が出ても実りが悪いので、「馬鹿苗」とか「阿呆《あほう》苗」などのひどい名前でよばれ、この病気は「馬鹿苗病」といわれました。

その病気の原因を農業試験場で調べていた研究者、黒沢英一《くろさわえいいち》は、「その病気にかかった苗には必ず、あるカビが感染している」ことに気づきました。一九二六年、彼は、そのカビがつくる物質を集めて、イネの苗に与えました。すると、カビが感染していなくても、苗の背丈が伸びたのです。つまり、カビがつくる物質がイネの苗の背丈を高く伸びさせることが見出されたのです。そのカビの名前は、「ジベレラ」でした。

その研究を引き継いだ、東京帝国大学教授の藪田貞治郎《やぶたていじろう》が、一九三八年、カビがつくる物質の中から、苗の背丈を高く伸びさせる物質を純粋な形で取り出しました。その物質は、それをつくるカビの名前「ジベレラ」にちなんで、「ジベレリン」と名づけられました。

このように、ジベレリンは、「カビがつくり、イネの苗の背丈を異常に伸ばす物質」として見つけられました。しかし、その後、多くの植物が、背丈を正常に伸ばすために、ジベレリンをつくっていることがわかりました。

植物の背丈が正常に伸びるためには、植物のからだの中で、ジベレリンが正常につくられていなければならないのです。もしジベレリンがつくられなければ、背丈が正常に伸びません。たとえば、エンドウやインゲンマメなどには、ツルがぐんぐん伸びる品種に対して、ツルが伸びず、背丈の低い「矮性《わいせい》」とよばれる品種があります。

それらは、背丈が高くなるものと比べて、葉っぱの大きさや枚数はほとんど同じです。しかし、背丈が低いために倒れにくいので栽培がしやすく、茎の成長に使うエネルギーが節約できるので、マメの収穫量が多くなります。だから、矮性の品種は、好んで栽培に用いられます。

矮性の植物の多くは、体内で正常な量のジベレリンがつくられないために、背丈が伸びないのです。そのため、このような矮性の植物にジベレリンを与えると、その効果をはっきりと目で見ることができます。

たとえば、イネやトウモロコシにも、背丈の低い品種があります。これらの苗にジベレリンを与えると、それに反応して背丈が伸び、他の品種並みの背丈になります。ジベレリンをつくれないために、背丈が伸びなかったのです。

ジベレリンを与えるのとは逆に、からだの中でジベレリンが正常につくられるのを阻害すると、茎が伸びず背丈の低い植物にすることができます。「矮化剤」といわれる薬剤が、園芸店などで市販されています。これらは、ジベレリンがつくられるのを阻害する薬剤です。だから、植物に矮化剤を与えると、背丈を低くして、植物を育てることができます。

園芸店などでは、キクやキキョウ、ベゴニアやポインセチアなどの鉢植えに、背の低いかわいらしい植物が売られていることがあります。これらを買ってきて、鉢から出して庭や花壇などに植えると、驚くほど大きく成長することがあります。

だから、このような場合、「買ってきた鉢植えの植物を庭や花壇などに植えると、根が広く張れるので、よく成長するのだ。鉢植えでは狭かったので、根がのびのびと伸びられなかったのだ」と、多くの方が納得します。しかし、鉢植えでは、かわいらしく成長させるために、矮化剤が使われていた可能性があります。

「竹林で、子どもが朝にタケノコの先に帽子をかけて夕方まで遊んでいると、帰り際に、タケノコが高く伸びて手が届かなくなり、帽子が取れなくなった」という話があります。タケノコの成長は、それくらい速いのです。一日に一メートル以上も伸びることがあります。

「なぜ、タケノコは、そんなに速く伸びるのか」と、ふしぎがられます。それに対して、「タケノコの太さは、地表面に顔を出すときに決まっています。だから、地上に出てからの成長では、太る必要がなく、伸びるだけです。そのため、速く伸びるのです」というのが、一つの答えです。

それに加えて、「タケノコは、地下茎でまわりのタケとつながっています。『地震のときには、竹林に逃げ込め』といわれるくらい、竹林の地下では根がつながって張りめぐらされています。その根を通して、まわりのタケから、タケノコが育つための栄養が送られてくるのです」というのも答えです。「地下茎」とは、地中で横に伸びる茎です。

「自分で栄養をつくって伸びるのではなく、栄養をもらって伸びるだけだから、速く伸びることができる」と考えることができます。これは、タケノコが速く伸びる大切な一因です。しかし、栄養をもらうからといって、それだけでは一日に一メートル以上も背丈を伸ばすことはできません。

タケノコが一日に一メートル以上も背丈を伸ばすためには、それなりのしくみがあります。タケノコを縦に切ると節がいっぱい見られます。タケノコには、生まれてきたときに、すでに多くの節がつくられています。

タケノコがぐんぐん伸びるときには、それぞれの節と節の間がいっしょに伸びるのです。それぞれの節と節の間がいっしょに伸びれば、一つ一つの間の伸びはそんなに大きくなくても、全体では大きな伸びとなります。この節と節の間を伸ばすのが、ジベレリンです。

ジベレリンは茎を伸ばす物質として発見されましたが、花を咲かせる作用もあります。ジベレリンのこの作用が、スギの二年目の苗木に花を咲かせるのです。このはたらきがよく目立つのは、春の野菜畑です。冬の畑では、ダイコンやニンジン、ハクサイ、ホウレンソウなどが、茎を伸ばさず、地表面に近い高さで冬の寒さをしのぎます。これらの植物では、春になって、収穫されずに畑に残されてしまった株は、茎を急速に伸ばし、花を咲かせます。球形のレタスやキャベツなどからも、茎が伸び、花が咲きます。

これらが、春の訪れを告げる「薹《とう》が立つ」という現象です。これらの現象をひきおこすのは、ジベレリンです。冬の寒さを感じることが刺激となって、これらの植物のからだの中で、ジベレリンがつくられるのです。暖かくなると、植物のからだの中に増えたジベレリンが、茎を伸ばし、花を咲かせるのです。

ジベレリンが「薹が立つ」という現象をほんとうにひきおこすことを確かめる実験は、容易にできます。冬の寒さを与えないと、これらの植物は、春になっても、薹が立ちません。ジベレリンがつくられないからです。ところが、そんな植物にジベレリンを与えると、春のように「薹が立つ」という現象がおこります。

ここで紹介したように、イネの病気をきっかけに、ジベレリンは発見されました、そして、この物質は、多くの植物でいろいろなはたらきをすることがわかり、世界的に有名な植物ホルモンとなりました。

「高校生物」のほとんどの教科書に、生物学の発展に貢献した世界の研究者のリストが載っています。そこに名前の見える日本人は、赤痢菌を発見した志賀潔《しがきよし》、ビタミンBを発見した鈴木梅太郎《すずきうめたろう》など、ごくわずかです。

しかし、その中に、イネの病気からジベレリンを発見した黒沢英一、その後、カビがつくる物質の中からジベレリンを純粋な形で取り出した藪田貞治郎の名前があります。ジベレリンの発見は、日本が世界に誇れる科学的業績の一つなのです。

（三）仲間とのつながりは、強い絆

地下に隠れて、からだを守る〝すごさ〟

二〇一一年の夏、ある企業が、「日本の未来を強くするために必要なものを表す」漢字一文字を募集しました。その結果、二位が「愛」で、三位は「信」でした。一位は、断トツで「絆《きずな》」が選ばれました。

この言葉の語源は、「犬や馬をつなぎとめるための綱」というものでしたが、現在では、「断ち切ることのできない強い結びつき」を意味しています。二〇一一年三月一一日におこった東日本大震災を機に見直された、「人と人とのつながりの大切さ」を象徴するものです。

この「絆」を花言葉とする植物があります。ヒルガオです。道端や野原に育つツル性の植物です。アサガオと同じような形の花を昼に咲かせているので、「ヒルガオ」の名がつけられています。花言葉が絆である理由は、地下茎が土の中を這っているので、多くの植物が地下で強く結びついているためです。ヒルガオだけでなく、地下茎をもつ植物は、多くあります。

ワラビやドクダミ、スギナなどは、春から夏にかけて、元気に育っています。そして、秋に姿を消します。すると、「枯れたのだ」と思われがちです。たしかに、地上部は寒さのために枯れたのですが、これらの植物の場合には、地下部は枯れていません。

地下部では、土の中を根のように長く横へ横へと伸びた茎が生きています。ふつうの植物では、茎は上に伸びて地上に出てくるものですが、地下茎は地上には出ずに土の中で根のように伸びます。わかりやすいのはタケやハスの根（蓮根）ですが、リラビやドクダミ、スギナなども、土の中で地下茎が生きています。

ワラビは、おいしい山菜の代表です。しかし、ワラビには、「アノイリナーゼ」や「プタキロサイト」などの有毒な物質が含まれています。草原に放牧されているウシやウマ、ヒツジが、自然に生えていたワラビを食べて中毒をおこしたり、死んだりしたことがあります。

「ワラビなら、私たち人間も食べているではないか」と思われるかもしれません。しかし、私たちがワラビを食べるときには、必ず徹底的に「灰汁抜き」をします。「灰汁抜き」というのは、植物に含まれる渋みやえぐみなどの成分を抜き取ることです。

ワラビの「灰汁抜き」の方法は、基本的には、次のとおりです。鍋《なべ》にワラビが十分に浸《つ》かるくらいの水を入れて沸騰させます。ワラビを入れて、約二リットルの熱湯に対して小さじ一杯くらいの重曹を加えます。再び沸騰したら、火を止めます。ワラビを浸したまま、一晩おいておきます。新しい水に変えて、よく洗います。このような「灰汁抜き」をすれば、ワラビの有毒物質はほとんど取り除かれます。だから、「毎日、異常なほど大量に食べ続けることがなければ、問題はない」といわれます。

ワラビは、地下茎の形で冬の寒さをしのぎます。春に地上に出て食用になるのは、丸く巻いた葉っぱの部分です。葉っぱには、茎がついているかのような印象がありますが、あれは茎ではありません。葉っぱを支える長い柄で、「葉柄」といわれるものです。茎は、土の中に隠れたままで、姿を見せません。

地下茎のおかげで、この植物は冬の寒さをしのげます。しかし、それだけでなく、除草剤からも、からだを守ることができます。この植物は、春に山菜として食する人には好かれますが、繁殖力が旺盛なために、嫌われることが多いのです。

だから、地上部に除草剤をかけられることが多いのです。すると、地上部は枯れます。しかし、土の中の深くに伸びている地下茎は枯れません。除草剤は、地下茎のある深さまで、それを枯らすような濃度で浸透しないからです。

地下茎の恩恵は、それだけにとどまりません。ワラビはシダ植物です。シダ植物は、ふつう、じめじめした日陰で育つものです。ところが、ワラビは、そんなにじめじめしていない場所でも育っています。ワラビはシダ植物らしくない場所でも生きていけます。地下茎が土の中にあり、土の中には水分が多くあるからです。

ドクダミは、ドクダミ科の植物で、暖かい地方に生育します。湿り気のある庭の片隅や、道端で、群生して育ちます。地下に茎があって、横に伸び広がっています。葉っぱは心臓形で、葉っぱのまわりや葉柄は赤みを帯びています。

群生している場所には、この植物のほのかな香りが漂います。葉っぱを揉《も》むと、独特の強い匂いが出ます。この特有の臭気のため、「毒が入っている」という意味で「毒溜《た》め」といわれたのが、名前の一つの由来です。この香りの成分は、「デカノイルアルデヒド」です。抗菌や殺菌の作用があり、虫たちには嫌な香りです。

また、この植物は、抗菌や殺菌作用をもつので、「毒を消す」という意味で「毒を矯《た》める」といわれました。この「毒矯め」から、「ドクダミ」とよばれるというのが、名前の別の由来です。

葉をお茶にしたドクダミ茶は、「動脈硬化を予防したり、利尿作用があったりする」といわれます。このときの成分は「クエルシトリン」などです。暑い夏の前の五月～七月に採取した葉っぱに、この成分は多く含まれています。

ドクダミは、地下茎が土の中で、冬の寒さをしのぎます。といっても、ドクダミの地下茎は、冬の寒さを土の中で耐えているだけではなさそうです。この植物が生えている場所を観察していると、春になって、前の年の秋には出ていなかったところに、新芽が出てきます。ということは、冬の間に地下茎が枝分かれして伸びているということです。冬は寒いといっても、土の中はそんなに寒くないので、そんなことがあってもふしぎではありません。

土の中の地下茎は、冬の寒さを避けるだけではありません。春から秋まで、土の中に地下茎が隠れて、からだを守っています。だから、地上部のドクダミを摘み取っても、すぐに芽や葉が出てきます。

また、ワラビと同じように、この植物にも除草剤がかけられることが多く、地上部は枯れます。しかし、除草剤は、土にしみこむと濃度が薄まります。だから、土の中で栄養を蓄え深くに伸びている地下茎は枯れずに生きのびます。

スギナは、地下茎で、冬の寒さをしのぎます。そして、春に、芽が出てきます。夏には、土がカラカラに乾いた場所でも育っています。地上部の土は乾いていても、土の中には水分があります。土の中にある地下茎のおかげで、夏の暑さによる水不足にも強いのです。

地上では、細い葉が細かく茂りますが、そんなに大きくありません。ですから、抜き取れば除草できるような印象があります。ところが、土の中の地下茎は、長く深く伸びています。

その根に支えられて、スギナは地上に生えているのです。

動物に地上部を食べられても、地下茎を食べつくされることはありません。だから、芽や葉が出てきます。私たち人間に刈り取られても、土の中を深く長く伸びている地下茎をすべて引き抜かれることはありません。そのため、すぐに芽や葉が出てきます。

このように、地下茎が地面の深くにあり、地上部を引きちぎったり、動物に食べられたりしても、絶えることはありません。地上のスギナを除草剤で枯らしても、栄養をもった地下茎は土の中深くにいて生き残ります。そのため、根絶するのはむずかしい「嫌われもの」として、自然の中を生きのびてきた植物なのです。

ところが、最近、スギナは都市部ではどんどん姿を消し、私たちが容易に出会える身近な植物ではなくなりつつあります。そのためか、古くからいわれている「ツクシ誰の子、○○の子」の○○○の中に正しい名前を入れられない若い人が多くいます。ツクシを知らない人もいますから、当然かもしれません。ツクシを知っている人でも、「絵や写真で見ただけで、実物を見たことがない」という人が多いのです。

「○○○は、スギナです」と正解を答える人もいます。でも、「名前は知っているが、本物を見たことはない」という場合が多いのです。スギナは「杉菜」とかかれるように、スギの木の葉っぱに似た植物です。特に人目をひくような姿ではありません。

だから「スギナを見たことがある」という人に、「花を見たことがあるか」と意地悪く尋ねると、「花を見たことはない」という正直な答えが返ってきます。こう答えながら「スギナの花ってどんなのだろう。ぜひ、見てみたい」と思っている人も多いらしく、「スギナに花って咲くのですか」と尋ねてくる人は少なくないのです。「スギナは、シダ植物なので、花を咲かせない」ということが、知られていないこともあるのです。

一昔前なら、ほとんどの人に「ツクシ誰の子、スギナの子」として、ツクシとスギナの関係が知られていました。しかし、近年は、強いはずのスギナが、私たちのまわりから姿を消しているのです。そのため、春にツクシが出る場所が、どんどん減ってきています。

スギナが都市部ではどんどん姿を消しているのは、私たち人間の仕業です。ビルを建設するために、あるいは、高速道路の橋脚を建てるために、掘削機で、スギナの地下茎がある土の深さ以下にまで、土を掘り取ってしまうのです。土の中で、寒さや除草剤から、からだを守っているスギナもさすがに耐えられません。

郊外に出向くと細々と生きているスギナに出会います。そんなとき、「今私たちが姿を消しても、人間の生活には何の影響もないでしょう。でも、長い間いっしょに暮らしてきた私たちが今なぜ姿を消さねばならないのか。姿を消すことが何を意味するのかを考えてほしい」と訴えているように感じます。その訴えに応《こた》えて、私たちは、近年、行われている開発について、反省しなければならないでしょう。

この植物の英語名は、「ホース・テール」です。「ウマのしっぽ」という意味です。その独特の姿に、昔の人も親しみを感じ、愛嬌《あいきょう》のある名前がつけられたのでしょう。私たちの身近に、いっしょにいつまでも生きていってほしいと思います。

イギリスで嫌われる〝すごさ〟

外国から日本に来て、日本の気候や土壌になじんで生き続けている植物は、「帰化植物」とよばれます。異国の地に移り住む運命を克服して、慣れない風土に適応し、懸命に生き、子孫を残し続けている植物たちです。

しかし、これらの植物たちは、ともすれば繁殖力が旺盛で、古来の日本の生態系を乱すので嫌われものになりがちです。春に花咲くセイヨウタンポポ、秋に花咲くセイタカアワダチソウなどが、日本の暮らしに溶け込もうとしている代表的な帰化植物です。

逆に、日本から外国に行き、外国で「帰化植物」となっている植物がいます。その一つが、「イタドリ」です。イタドリは、タデ科の植物で、日本では全国の空き地や山地など、どこにでも生育しています。

イギリスでは、「ジャパニーズ・ノットウィード」とよばれます。ジャパニーズは、「日本の」という意味であり、ノットは「節」、ウィードは「草」です。ですから、さしずめ、「日本の節くれ立った草」という意味でしょう。

この植物は、夏に、多くの小さい白い花を集めて咲かせ、それなりにきれいなものです。その美しさが、江戸時代、長崎にいたドイツ人の医師シーボルトに気に入られました。そのため、観賞用として、彼によってヨーロッパにもち込まれました。

日本では、私たちの身近にあり、地下茎を張りめぐらして繁殖力が旺盛な植物です。地上部を刈り取っても、すぐに地下茎から芽が出ます。冬の寒さを地下茎でしのぎ、春には、芽を出してきます。除草剤で枯らそうとしても、地下茎は土の中にいますから、枯れません。だから、根絶するのはむずかしい植物です。

仕方がないので、私たちはあきらめて、昔から、この植物と仲良くしてきました。この植物の葉っぱを採んで、すり傷につけると、痛みが取れるといわれ、その効果を利用してきました。それが、「イタドリ」という名前の所以です。

また、この植物に愛着も感じてきました。多くの人が、子どものころ、この茎をかじった経験があります。茎は中空で、かじると酸っぱく、折ると「ポコン」という音がします。だから「スカンポ」とよばれることもあります。

イタドリは、イギリスでも、旺盛な繁殖力を発揮しています。空き地を埋めつくし、道路の舗装を破って成長します。そのため、除草の手間や道路の補修に多額の費用が必要で、厄介ものになっています。

この草がもともと繁殖していた日本には、天敵である「イタドリマダラキジラミ」がいます。二〇一〇年、イギリス政府は、イタドリを退治するために、この虫を日本からイギリスにもち込むことを決めました。

イタドリは、イギリスで、昔からの天敵と出会い、なつかしい闘いを再開するのです。イギリス政府の思惑とは別に、イタドリには、「闘いを楽しみながら、力強く生き続けてほしい」と思います。

子どもを産む葉っぱの〝すごさ〟

「マザー・リーフ」という言葉を聞かれたことがあるでしょうか。「マザー」は母であり、「リーフ」は葉っぱです。だから、「マザー・リーフ」とは、「母となる葉っぱ」であり、葉っぱが子どもを産むという奇妙な植物です。こんな植物があるでしょうか。

「マザー・リーフ」とよばれるのは、セイロンベンケイソウという植物です。熱帯地方に広く分布するベンケイソウ科の植物です。日本では、小笠原《おがさわら》諸島や南西諸島に自生することが知られていますが、通販などで入手することができます。この植物を手に入れて栽培してみ

葉から芽が生まれるセイロンベンケイソウ（撮影・田中修）

ると、葉っぱが母となって、子どもの葉っぱを生み出すので、「マザー・リーフ」の名がふさわしいと実感できます。

この植物の葉っぱを一枚摘み取り、水の入ったお皿に浮かべるように、浸しておきます。一〇日もしないうちに葉っぱの縁にあるたくさんの切れ込みのいくつかから、芽や根が出てきます。湿った土の上に、一枚の葉っぱをおいていても、同じように葉っぱの切れ込みから、芽や根が出てきます。

この芽は、葉っぱをつくり出します。だから、芽生えと同じです。その芽生えを植えれば、もちろん植物として育ちます。結局、葉っぱのまわりにあるそれぞれの切れ込みに、新しい植物をつくり出す能力があるのです。葉っぱから芽が出るので、「ハカラメ（葉から芽）」という名前でよばれることもあります。

セイロンベンケイソウと同じように、「ハカラメ」とよばれる「コダカラソウ（子宝草）」

という植物があります。この植物も葉っぱの縁にあるたくさんの切れ込みから、芽を出します。セイロンベンケイソウは、葉っぱを植物体から切り離さないと芽を出しませんが、コダカラソウは植物体についている葉から次々と芽を出します。

セイロンベンケイソウの芽も、コダカラソウの芽も、親から直接に生まれてきたものです。ですから、出てきた芽は、親とまったく同じ性質をもっています。育つ芽生えは、親とまったく性質が同じです。

この植物は、花を咲かせます。だから、花を咲かせて、他の株の花と花粉をやり取りし、いろいろな性質の子どもをつくることの大切さを知っているに違いありません。しかし、同じ性質の子どもばかりなら、いつでもつくり出せるというすごい能力を備えているのです。

おわりに

私たちは、植物たちを五感で感じます。視覚で、芽を「かわいい」と感じたり、咲いた花々を「美しい」と眺めたりします。嗅覚《きゅうかく》では、花の香りを「いい匂い」と感じ、ハーブなどの香りを楽しみます。触覚では、茎や幹、葉っぱや花に触れて、「やわらかい」「硬い」「なめらか」などと感じます。味覚では、野菜や果物を「おいしい」「甘い」「酸味がある」などと、味わいます。聴覚では、葉が擦れ合う「葉ずれ」の音や、カサカサと音を立てて風で転がる枯れ葉を感じます。

五感で植物たちを感じるときには、嫌な思いをすることがあります。臭《くさ》い匂いや、痛いトゲ、好みでない味などに出会うときです。それでも、ほとんどの場合、私たちは本気で植物たちに腹を立てることはありません。なぜなら、五感で感じた植物たちを〝味わう〟のは、〝心〟だからです。

心で味わえば、植物たちに嫌な思いをすることはほとんどありません。葉っぱや花の色からやさしい気持ちが生まれ、芽がすくすくと伸びる姿からイキイキとした元気をもらいます。花が咲き、実がなる姿に、喜びを覚えます。

秋に枯れていく葉っぱにさびしい思いをしても、多くの植物たちは、暖かい春になれば、また芽吹き、花を咲かせてくれます。毎年繰り返される、そんな植物たちのおだやかな暮らしや営みに、心は癒されます。

心で味わう植物たちの存在は、私たちの心の栄養になっているのです。だからこそ、古来、植物たちは、詩歌に詠まれ、童謡に口ずさまれ、絵に描かれて、私たちとともに暮らしてきたのです。

私たちにとって、植物たちの存在は、それで十分なのかもしれません。でも、私は、五感で感じ、心で味わったあと、もう一歩踏み込んで、「植物たちの生き方に思いをめぐらせてほしい」と思います。そうすると、五感で感じ、心で味わうだけではわからない、植物たちのかしこさ、生きるためのしくみの巧みさ、逆境に耐えるための努力など、植物たちのほんとうの〝すごさ〟に出会うことができます。

植物たちが、私たちと同じしくみで生き、同じ悩みを抱え、その悩みを解くために懸命に努力している姿を知ることができます。草花や樹木、おコメや野菜や果物、切り花や生け花、林や森、山が語りかけてくるように感じられるようになるでしょう。植物たちが私たちと同じ生き物であり、いっしょに生きていると実感できます。

この思いは、「植物との共存・共生の時代」といわれる二一世紀を、私たちが豊かに生きるための強い糧になるはずです。私は、本書が「植物たちの生き方に思いをめぐらせる」まで、踏み込むための「きっかけ」になることを願っています。

原稿をお読みくださり、貴重な御意見をくださった(独)農業・食品産業技術総合研究機構畜産草地研究所の高橋亘博士、甲南高等学校・中学校の平田礼生先生に心からの謝意を表します。

参考文献

A. C. Leopold & P. E. Kriedemann, *Plant Growth and Development*, 2nd ed., McGraw-Hill Book Company, 1975

A. W. Galston, *Life processes of plants*, Scientific American Library, 1994

G. A. Strafford（柴田萬年訳）『植物生理要論』共立出版　一九七五

P. F. Wareing & I. D. J. Phillips（古谷雅樹監訳）『植物の成長と分化』上・下　学会出版センター　一九八三

R. J. Downs & H. Hellmers（小西通夫訳）『環境と植物の生長制御』学会出版センター　一九七八

デービッド・アッテンボロー（門田裕一監訳、手塚勲・小堀民惠訳）『植物の私生活』山と溪谷社　一九九八

柴岡弘郎編集『生長と分化』朝倉書店　一九九〇

滝本敦『ひかりと植物』大日本図書　一九七三

田口亮平『植物生理学大要』養賢堂　一九六四

田中修『緑のつぶやき』青山社　一九九八

田中修『つぼみたちの生涯』中公新書　二〇〇〇

田中修『ふしぎの植物学』中公新書　二〇〇三

田中修『クイズ植物入門』講談社ブルーバックス　二〇〇五

田中修『入門たのしい植物学』講談社ブルーバックス　二〇〇七

田中修『雑草のはなし』中公新書　二〇〇七

田中修『葉っぱのふしぎ』ソフトバンククリエイティブ　サイエンス・アイ新書　二〇〇八

田中修『都会の花と木』中公新書　二〇〇九

田中修『花のふしぎ100』ソフトバンククリエイティブ　サイエンス・アイ新書　二〇〇九

田中修監修、ABCラジオ「おはようパーソナリティ道上洋三です」編『おどろき?と発見!の花と

緑のふしぎ』神戸新聞総合出版センター　二〇〇八
ビートたけし・橋本周司・田中修・上田恵介・村松照男・海部宣男・中込弥男・船山信次・冨田幸光・吉村仁・有田正光『恐竜は虹色だったか？』新潮社　二〇〇八
古谷雅樹『植物的生命像』講談社ブルーバックス　一九九〇
古谷雅樹『植物は何を見ているか』岩波ジュニア新書　二〇〇二
増田芳雄『植物生理学』改訂版　培風館　一九八八
増田芳雄・菊山宗弘編著『植物生理学』放送大学教育振興会　一九九六
宮地重遠編『光合成』朝倉書店　一九九二
NHKラジオセンター「子ども科学電話相談」制作班編『親子でわかる！科学おもしろQ&A』NHK出版　二〇〇八

田中 修（たなか・おさむ）

1947年（昭和22年）京都に生まれる．京都大学農学部卒業，同大学大学院博士課程修了．スミソニアン研究所（アメリカ）博士研究員などを経て，現在，甲南大学理工学部教授．農学博士．専攻・植物生理学．

主著『ふしぎの植物学』『雑草のはなし』『都会の花と木』（中公新書），『植物は命がけ』（中公文庫），『フルーツひとつばなし』（講談社現代新書），『植物は人類最強の相棒である』（ＰＨＰ新書），『植物のあっぱれな生き方』（幻冬舎新書），『クイズ植物入門』『入門たのしい植物学』（ブルーバックス），『葉っぱのふしぎ』『花のふしぎ100』（サイエンス・アイ新書）ほか多数

植物《しょくぶつ》はすごい

中公新書 *2174*

2012年７月25日初版
2015年６月20日16版

著　者　田中　修
発行者　大橋善光

本文印刷　三晃印刷
カバー印刷　大熊整美堂
製　　本　小泉製本

発行所　中央公論新社
〒100-8152
東京都千代田区大手町 1-7-1
電話　販売 03-5299-1730
　　　編集 03-5299-1830
URL http://www.chuko.co.jp/

Published by CHUOKORON-SHINSHA，INC.
Printed in Japan　ISBN978-4-12-102174-8 C1245

中公新書刊行のことば

一九六二年一一月

いまからちょうど五世紀まえ、グーテンベルクが近代印刷術を発明したとき、書物の大量生産は潜在的可能性を獲得し、いまからちょうど一世紀まえ、世界のおもな文明国で義務教育制度が採用されたとき、書物の大量需要の潜在性が形成された。この二つの潜在性がはげしく現実化したのが現代である。

いまや、書物によって視野を拡大し、変りゆく世界に豊かに対応しようとする強い要求を私たちは抑えることができない。この要求にこたえる義務を、今日の書物は背負っている。だが、その義務は、たんに専門的知識の通俗化をはかることによって果たされるものでもなく、通俗的好奇心にうったえて、いたずらに発行部数の巨大さを誇ることによって果たされるものでもない。現代を真摯に生きようとする読者に、真に知るに価いする知識だけを選びだして提供すること、これが中公新書の最大の目標である。

私たちは、知識として錯覚しているものによってしばしば動かされ、裏切られる。私たちは、作為によってあたえられた知識のうえに生きることがあまりに多く、ゆるぎない事実を通して思索することがあまりにすくない。中公新書が、その一貫した特色として自らに課すものは、この事実のみの持つ無条件の説得力を発揮させることである。現代にあらたな意味を投げかけるべく待機している過去の歴史的事実もまた、中公新書によって数多く発掘されるであろう。

中公新書は、現代を自らの眼で見つめようとする、逞しい知的な読者の活力となることを欲している。

中公新書

自然・生物

s1

2305 生物多様性 本川達雄
503 生命を捉えなおす（増補版） 清水 博
1097 生命世界の非対称性 黒田玲子
2198 自然を捉えなおす 江崎保男
1925 酸素のはなし 三村芳和
1972 心の脳科学 坂井克之
1647 言語の脳科学 酒井邦嘉
2063 物語 上野動物園の歴史 小宮輝之
1855 戦う動物園 小菅正夫・岩野俊郎著 島 泰三編
1709 親指はなぜ太いのか 島 泰三
1087 ゾウの時間 ネズミの時間 本川達雄
1953 サンゴとサンゴ礁のはなし 本川達雄
877 カラスはどれほど賢いか 唐沢孝一
1860 昆虫—驚異の微小脳 水波 誠
1238 日本の樹木 辻井達一
2259 カラー版 スキマの植物図鑑 塚谷裕一
2311 カラー版 スキマの植物の世界 塚谷裕一
1706 ふしぎの植物学 田中 修
1890 雑草のはなし 田中 修
1985 都会の花と木 田中 修
2174 植物はすごい 田中 修
2316 カラー版 新大陸が生んだ食物 高野 潤
1769 苔の話 秋山弘之
939 発酵 小泉武夫
1978 マグマの地球科学 鎌田浩毅
1922 地震の日本史（増補版） 寒川 旭
1961 地震と防災 武村雅之

中公新書

環境・福祉

r1

科学・技術

地域・文化・紀行 t1

285 日本人と日本文化 司馬遼太郎 ドナルド・キーン
605 絵巻物に見る日本庶民生活誌 宮本常一
201 照葉樹林文化 上山春平編
1921 照葉樹林文化とは何か 佐々木高明
299 日本の憑きもの 吉田禎吾
799 沖縄の歴史と文化 外間守善
2206 お伊勢参り 鎌田道隆
2298 四国遍路 森 正人
2155 女の旅―幕末維新から明治期の11人 山本志乃
2151 国土と日本人 大石久和
1810 日本の庭園 進士五十八
1909 ル・コルビュジエを見る 越後島研一
246 マグレブ紀行 川田順造
1009 トルコのもう一つの顔 小島剛一
1408 イスタンブールを愛した人々 松谷浩尚
1684 イスタンブールの大聖堂 浅野和生
2126 イタリア旅行 河村英和
2071 バルセロナ 岡部明子
2122 ガウディ伝 田澤 耕
2169 ブルーノ・タウト 田中辰明
2032 ハプスブルク三都物語 河野純一
1624 フランス三昧 篠沢秀夫
1634 フランス歳時記 鹿島 茂
2183 アイルランド紀行 栩木伸明
1670 ドイツ 町から町へ 池内 紀
1742 ひとり旅は楽し 池内 紀
2023 東京ひとり散歩 池内 紀
2118 今夜もひとり居酒屋 池内 紀
2234 きまぐれ歴史散歩 池内 紀
2290 酒場詩人の流儀 吉田 類
1832 サンクト・ペテルブルグ 小町文雄
2096 ブラジルの流儀 和田昌親編著
2160 プロ野球復興史 山室寛之

地域・文化・紀行

t2

- 2194 梅棹忠夫—「知の探検家」の思想と生涯　山本紀夫
- 560 文化人類学入門（増補改訂版）　祖父江孝男
- 741 文化人類学15の理論　綾部恒雄編
- 2315 南方熊楠《みなかたくまぐす》　唐澤太輔
- 92 肉食の思想　鯖田豊之
- 2129 カラー版 地図と愉しむ東京歴史散歩　竹内正浩
- 2170 カラー版 地図と愉しむ東京歴史散歩 都心の謎篇　竹内正浩
- 2227 カラー版 地図と愉しむ東京歴史散歩 地形篇　竹内正浩
- 2012 カラー版 マチュピチュ—天空の聖殿　高野　潤
- 2201 カラー版 インカ帝国—大街道を行く　高野　潤
- 2092 カラー版 パタゴニアを行く　野村哲也
- 2182 カラー版 世界の四大花園を行く—砂漠が生み出す奇跡　野村哲也
- 1869 カラー版 将棋駒の世界　増山雅人
- 2117 物語 食の文化　北岡正三郎
- 415 ワインの世界史　古賀　守
- 1835 バーのある人生　枝川公一
- 596 茶の世界史　角山　栄
- 1930 ジャガイモの世界史　伊藤章治
- 2088 チョコレートの世界史　武田尚子
- 2229 真珠の世界史　山田篤美
- 1095 コーヒーが廻り世界史が廻る　臼井隆一郎
- 1974 毒と薬の世界史　船山信次
- 650 風景学入門　中村良夫

中公新書

教育・家庭

医学・医療

q 1

知的戦略・実用

n1

- 13 整理学　加藤秀俊
- 136 発想法　川喜田二郎
- 210 続・発想法　川喜田二郎
- 1159 「超」整理法　野口悠紀雄
- 1222 続「超」整理法・時間編　野口悠紀雄
- 1482 「超」整理法3　野口悠紀雄
- 1662 「超」文章法　野口悠紀雄
- 2056 日本語作文術　野内良三
- 1718 レポートの作り方　江下雅之
- 624 理科系の作文技術　木下是雄
- 1216 理科系のための英文作法　杉原厚吉
- 2109 知的文章とプレゼンテーション　黒木登志夫